Samia Addou
Ilhem Fatima Zeriouh

Effet du lait de soja sur la fertilité masculine

AF205002

Samia Addou
Ilhem Fatima Zeriouh

# Effet du lait de soja sur la fertilité masculine

## Lait de Soja dans l'alimentation

Presses Académiques Francophones

**Impressum / Mentions légales**

Bibliografische Information der Deutschen Nationalbibliothek: Die Deutsche Nationalbibliothek verzeichnet diese Publikation in der Deutschen Nationalbibliografie; detaillierte bibliografische Daten sind im Internet über http://dnb.d-nb.de abrufbar.
Alle in diesem Buch genannten Marken und Produktnamen unterliegen warenzeichen-, marken- oder patentrechtlichem Schutz bzw. sind Warenzeichen oder eingetragene Warenzeichen der jeweiligen Inhaber. Die Wiedergabe von Marken, Produktnamen, Gebrauchsnamen, Handelsnamen, Warenbezeichnungen u.s.w. in diesem Werk berechtigt auch ohne besondere Kennzeichnung nicht zu der Annahme, dass solche Namen im Sinne der Warenzeichen- und Markenschutzgesetzgebung als frei zu betrachten wären und daher von jedermann benutzt werden dürften.

Information bibliographique publiée par la Deutsche Nationalbibliothek: La Deutsche Nationalbibliothek inscrit cette publication à la Deutsche Nationalbibliografie; des données bibliographiques détaillées sont disponibles sur internet à l'adresse http://dnb.d-nb.de.
Toutes marques et noms de produits mentionnés dans ce livre demeurent sous la protection des marques, des marques déposées et des brevets, et sont des marques ou des marques déposées de leurs détenteurs respectifs. L'utilisation des marques, noms de produits, noms communs, noms commerciaux, descriptions de produits, etc, même sans qu'ils soient mentionnés de façon particulière dans ce livre ne signifie en aucune façon que ces noms peuvent être utilisés sans restriction à l'égard de la législation pour la protection des marques et des marques déposées et pourraient donc être utilisés par quiconque.

Coverbild / Photo de couverture: www.ingimage.com

Verlag / Editeur:
Presses Académiques Francophones
ist ein Imprint der / est une marque déposée de
OmniScriptum GmbH & Co. KG
Heinrich-Böcking-Str. 6-8, 66121 Saarbrücken, Deutschland / Allemagne
Email: info@presses-academiques.com

Herstellung: siehe letzte Seite /
Impression: voir la dernière page
ISBN: 978-3-8381-8911-6

**Effet de la consommation du lait de Soja sur l'appareil reproducteur mâle chez la souris Swiss**

**Lait de soja dans l'alimentation**

# Sommaire

1

2

## RESULTATS

## Liste des abréviations

**ARNP**      : Augmentation de Rapport Nucléoplasmatique.

**ATC**      : Atrophie du Tissu Conjonctif.

**D**      : Spermatocyte Diplotène.

**DC**      : Débris Cellulaires.

**DEEG**      : Diminution de l'Epaisseur de l'Epithélium Germinale.

**DEG**      : Dystrophie de l'épithélium Glandulaire.

**EG**      : Epithélium Glandulaire.

**EGCS**      : Epithélium Glandulaire Cylindrique Simple.

**ELFA**      : Enzyme Linker Fluorescent Assay.

**EPG**      : Epithélium Germinal.

**FDA**      : Food and Drug Administration.

**FSH**      : Hormone folliculo-stimulante.

**Gn-RH**      : Gonadotrophine sécrétée par l'hypothalamus.

**HCL**      : Hyperplasie des Cellules de LEYDIG.

**HEG**      : Hyperplasie d'épithélium Glandulaire.

**In**      : Spermatogonies de type Intermédiaire.

**IPA**      : Institut Pasteur d'Alger.

**jpp**      : Jours Post-Partum.

**L**      : Spermatocyte Leptotène.

**LH**      : Hormone Lutéïnisante.

**LHRH**      : Gonadolibérine.

**M** : Spermatocyte en Métaphase.

**OCDE** : Organisation de Coopération et de Développement Economique.

**P** : Spermatocyte Pachytène.

**PE** : Perturbateur Endocrinien.

**PPS** : Les préparations à base de protéines de soja.

**PR** : Spermatocyte Préleptotène.

**PR** : Produit de sécrétion.

**PSA** : Prostate Specific Antigen.

**SHBG** : Sex Hormone Binding Globulin.

**SPCI** : Spermatocyte I.

**SPCII** : Spermatocyte II.

**SPG** : Spermatogonie.

**SPT** : Spermatide.

**SPZ** : Spermatozoïdes.

**St** : Spermatide allongé.

**Svs** : Seminal vesicle secretion.

**T C** : Tissu Conjonctif.

**TeBG** : Testosterone Binding Globulin.

**TES** : Testostérone.

**TS** : Tube Séminifère.

**VS** : Vaisseau Sanguin.

**Z** : Spermatocyte Zygotène

**FDA** : Food and Drug Administration.

**OCDE** : Organisation de Coopération et de Développement Economique.

**AESA** : Autorité Européenne de Sécurité des Aliments

**CSAH** : Comite Scientifique de l'Alimentation Humaine

**DJA** : Dose journalière admissible

**CSAH** :Comité Scientifique de l'Alimentation Humaine

**FAO** : Food and Agriculture Organisation

**JECFA :** Joint Expert Comite Food Additive

**P.C** : Poids corporel

**TGO** : Transamonase-glutamate-oxaloacetate-trans-aminase

**TGP** : Transamonase-glutamate-purivat-trans-aminase

**Résumé**

Le lait de soja est un produit diététique riche en phyto-œstrogènes dont l'innocuité n'est pas totalement prouvée. Ces composés sont susceptibles de modifier le processus physiologique normal de reproduction et de perturber cette fonction.

Le but de notre travail est d'évaluer les conséquences de la consommation de lait de soja sur la fertilité masculine des souris Swiss utilisées comme modèle expérimental.

Nous avons utilisé 24 souris mâles âgées de 4 semaines et pesant en moyenne $13,93 \pm 0,50$g. Ces animaux sont répartis en 4 groupes de 6 souris. Les souris du groupe 1 font partie d'une portée dont la mère ne reçoit que du lait de soja dès la mise bas jusqu'au sevrage. Après le sevrage, les souris de ce groupe ne reçoivent à leur tour que du lait de soja pendant 90 jours. Le groupe 2 est constitué d'animaux issus d'une mère qui n'est nourrie qu'au lait de soja pendant la période d'allaitement et reçoivent, après le sevrage, un aliment standard et de l'eau pendant 90 jours. Le groupe 3 comprend des souris issues d'une mère qui a consommé un aliment standard durant la période d'allaitement et qui ne reçoivent, après le sevrage, que du lait de soja pendant 90 jours. Les animaux du groupe 4 constituent les témoins. Ces souris sont issues d'une mère qui a consommé de l'aliment standard et qui reçoivent le même régime après le sevrage.

Après le sevrage, pendant toute la durée de l'expérimentation, une prise de poids hebdomadaire est effectuée. Au bout du $90^{ème}$ jour, et pendant une semaine, les animaux sont soumis à un test de fertilité. Juste avant leur sacrifice par dislocation cervicale, les mâles subissent une prise de sang pour le dosage de la testostérone. Puis, les testicules, l'épididyme et les vésicules séminales sont prélevés et pesés. Les spermatozoïdes sont comptés, leur morphologie et leur mobilité sont étudiées puis une étude histologique est effectuée sur les testicules et les vésicules séminales. Sur les souris issues du test de fertilité sont déterminés le poids et la taille des portées au $7^{ème}$, $14^{ème}$ et $28^{ème}$ jour après leur naissance.

**Les résultats obtenus indiquent que**:
- Le poids corporels ne subit aucune modification significative chez l'ensemble des groupes ayant ingéré du lait de soja.
- Le poids relatif des organes sexuels mâles reste également inchangé.
- La mobilité des spermatozoïdes diminue très significativement (p<0,01) chez les animaux de tous les groupes ayant consommé du lait de soja.
- Le nombre des spermatozoïdes testiculaires et épididymaires est très significativement diminué respectivement chez les souris des groupes 2 et 3 et chez les souris des groupes 1, 2 et 3 (p<0,01).
- l'indice de fertilité des femelles accouplées avec les mâles nourris au lait de soja n'est que de 67% comparé à celui des témoins qui est de 100%.
- Le poids, et la taille des petits obtenus par le test de fertilité sont très significativement diminués (p<0,01).
- Le taux sérique de la testostérone diminue très significativement (p<0,01) chez le groupe 2 (1,08 ± 0,41ng/ml) par rapport aux témoins (6,21 ± 1,54 ng/ml).
- L'étude histologique révèle une importante modification de l'architecture tissulaire au niveau des testicules et des vésicules séminales chez les animaux ayant ingéré du lait de soja par rapport aux témoins.

9

**En conclusion**, les résultats obtenus indiquent que l'ingestion du lait de soja n'est pas sans conséquence sur la fonction de reproduction et provoque une altération significative de la fertilité masculine des souris Swiss.

**Mots clés :** Soja – Spermatozoïdes- Fertilité – Perturbateurs endocriniens -Appareil reproducteur mâle- Toxicité- Souris Swiss.

## Introduction

Le lait de soja est un lait commercialisé en pharmacie et destiné aux enfants allergiques aux protéines du lait de vache. Les composants chimiques naturels que contient le lait de soja sont susceptibles d'avoir une toxicité sur l'appareil reproducteur masculin, sur la fonction de foie et de rein, car ils sont capables de stimuler, favoriser ou inhiber l'action de ces sites. De ce fait, ils peuvent, en théorie, modifier le processus physiologique soumis à une régulation endocrinienne.

De nombreux auteurs ont signalé l'effet nocif sur la fonction hépatique et rénale, de facteurs toxiques présents dans notre environnement et notre alimentation. On peut citer le gaz d'échappement d'origine automobile (El Feki et al.; 1998), les pesticides, les xénohormones (Toppari, 1996).

La biosécurité alimentaire en toxicologie est un sujet de préoccupation dont l'individu en est responsable. Elle résulte d'une convergence d'efforts de tous les acteurs de la filière alimentaire : professionnels, consommateurs, pouvoirs publics et scientifiques.

L'objectif de cette étude est d'évaluer l'impact de la consommation du lait de soja chez la souris mâle Swiss sur :

❖ le développement et la maturation des organes sexuels.
❖ la fertilité masculine.
❖ la fonction hormonale.
❖ L'évaluation des conséquences de la consommation de ce lait sur certains paramètres biochimiques sériques : albumine, cholestérol, urée, créatinine, acide urique, les transaminases (TGO et TGP) chez la souris Swiss.

**Rappels bibilographiques**

## 1. Le soja

Le soja est une plante particulièrement intéressante, son attrait hors des frontières asiatiques ne fait que croître. En effet, elle recèle de nombreux atouts agronomiques, environnementaux et nutritionnels. Les produits alimentaires dérivés du soja sont facilement transposables aux produits laitiers. Ceci en fait un aliment de choix de plus en plus consommé en occident. Une autre particularité de cette plante est qu'elle contient des micro constituants végétaux originaux: les phytoestrogènes (Chatenet, 2007).

### 1.1. Phyto-estrogènes

### 1.1.1. Définition

Les phytoestrogènes, molécules issues du monde végétal, font partie du vaste ensemble des polyphénols (AFSSA, 2005). Ces composés présentent une similarité structurale et fonctionnelle avec le 17β-estradiol. De ce fait, ils exercent une action estrogénique ou anti-estrogénique (Bringer et Lefebvre, 2002). En effet, on les retrouve en grande quantité dans tous les aliments à base de soja traditionnels et industriels. On en retrouve notamment dans les laits infantiles à base de soja destinés aux nourrissons et aux enfants en bas âge allergiques aux protéines de lait de vache (Chatenet, 2007). Les principaux phytoestrogènes apportés par alimentation humaine sont les isoflavones : génistéine et daidzéine.

La génistéine et la daidzéine peuvent activer les récepteurs des estrogènes, et ainsi induire des effets agonistes ou antagonistes en fonction du tissu considéré et du gène régulé (AFSSA, 2006).

### 1.1.2 Consommation, biodisponibilité et métabolisme

Dans un régime occidental traditionnel, les isoflavones sont essentiellement présentes dans les légumineuses et l'apport moyen journalier est inférieur à 1mg. Lors de l'introduction d'aliments à base de soja dans un régime, ces apports sont de l'ordre 15mg/j en moyenne (Gerber et Berta-Vanrullen, 2006).Les phytoestrogènes sont considérés comme des xénobiotiques, perturbateurs endocriniens. Ingérés sous forme glycosylée (daidzéine et génistéine), ils sont déglycolysés pour être absorbés dans l'organisme et passent dans le foie où ils subissent des étapes de détoxication par des enzymes spécifiques. Ils peuvent revenir dans le côlon selon un cycle entérohépatique similaire à celui des estrogènes. Ils sont ensuite éliminés par les urines et les fèces où ils se trouvent majoritairement sous forme de glucuronides. De l'ingestion à l'apparition dans la circulation sanguine, il s'écoule de 6 à 8 heures. Dans l'intestin, les isoflavones peuvent être transformées en d'autres métabolites dont certains seraient plus actifs, tel l'équol. Cette transformation est liée à la présence d'une flore intestinale et d'enzymes colocataires particulières. Elle va donc varier largement d'un individu à l'autre et, chez les personnes capables de synthétiser de l'équol, l'apport de daidzéine, précurseur de l'équol, serait capable d'effets plus importants que chez les non producteurs (Gerber et Berta-Vanrullen, 2006).

### 3. Lait de soja

Le lait de soja est un produit diététique sans lactose, sans saccharose, sans gluten et sans protéines du lait de vache. Il est enrichi en méthionine, en carnithine, en fer et en zinc (Rieu, 2006). Les préparations à base de protéines de soja (PPS) sont les seules dont la composition est adaptée aux besoins des nourrissons et des enfants de moins de trois ans. Pendant longtemps les PPS en était les seules aliments diététiques utilisables chez les nourrissons qui ne toléraient pas le lait de vache, soit par une intolérance au lactose après une diarrhée aigu, soit par APLV (Bocquet et al., 2001).

## 4. Toxicité alimentaire

Les effets toxiques d'une substance ne résultent pas uniquement de l'absorption, en un court espace de temps, ou de doses relativement fortes, mais également de l'absorption de doses mêmes minimes, pour entraîner les effets aigus, mais dont la répétition finit par provoquer des troubles.

L'évaluation étendue de la toxicité d'une molécule fait appel à différentes études (Lu, 1992 ; Fan et al., 1995) dont les modalités ont été réglementées par la Food and Drug Administration (FDA) américaines en 1987 puis par l'Organisation de Coopération et de Développement Economique (OCDE) en 1989 dans « les bonnes pratiques de laboratoires », afin d'améliorer la validité des données recueillies.

### 4.1. Etudes toxicocinétiques

Ces études visent à explorer le métabolisme de la molécule toxique. Elles reposent souvent sur l'utilisation de molécules marquées par des isotopes radioactifs, et sont effectuées en général sur plusieurs espèces animales.

Même si les résultats concluent à un risque négligeable chez l'animal, une série d'études doit tout de même être effectuée chez l'homme.

Les mécanismes possibles de toxicité sont multiples. Il peut s'agir d'une toxicité directe sur les protéines de l'organisme.

La toxicité indirecte peut être le fait soit d'une destruction de principes alimentaires essentiels, soit de la formation de produits toxiques à partir de certains composants de l'aliment.

## 4.2. Toxicité aiguë

L'intérêt de l'épreuve de toxicité aiguë est d'écarter les substances trop toxiques et de servir ensuite de guide aux expériences ultérieures en fournissant des indications sur les principaux signes d'intoxication et sur les éventuelles différences relatives aux espèces. Sur le plan expérimental, elle s'effectue en administrant la substance toxique en une seule fois, ou en plusieurs fois très rapprochées, à deux, mieux à trois espèces animales (Adrian et al., 1995).

## 4.3. Toxicité à long terme

Les études à long terme mesurent les effets cumulatifs du toxique en répétant son administration pendant une période s'étendant sur la plus grande partie de la vie de l'animal et sur au moins deux générations.

En pratique, cette toxicité à long terme est le fait, essentiellement, des additifs dont l'intérêt est le plus discutable. Lorsque le produit est destiné à un usage pédiatrique, une expérimentation complémentaire sur animaux jeunes, peut être utile pour déceler une éventuelle toxicité particulière chez l'enfant (Potus et al., 1996).

Les signes cliniques de toxicité sont recherchés :

- Sur le plan clinique : l'aspect, le poids, la prise de nourriture, la croissance, l'aptitude à la reproduction et le taux de mortalité.

- Sur le plan biologique : les paramètres anatomopathologiques par les examens histopathologique des différents organes sexuels.

## 4.4. Etudes de l'activité sexuelle et de la fertilité

Après administration du produit testé sur le mâle, les modifications de l'activité sexuelle peuvent être décelées en étudiant le déroulement et la fréquence d'accouplement et la modification de la fertilité en comptant la fréquence des gestations. Une étude des spermatozoïdes peut également être entreprise (Allain, 2005).

## 4.5. Etude tératogènique

Une substance peut avoir des effets toxiques sur la descendance quelque    soit le moment de la gestation où elle est administrée à la mère mais plus particulièrement durant la phase d'embryogenèse.

L'activité tératogène d'un produit est mise en évidence par l'apparition d'anomalies morphologiques ou fonctionnelles dans la descendance de femelles traitées pendant la gestation. L'expérimentation de chaque produit étudié se fait sur deux ou trois espèces animales (Chavéron, 1999)

## 5. La fertilité chez la souris mâle

## 5.1. Anatomie de l'appareil reproducteur mâle

L'appareil reproducteur mâle se compose des testicules, des conduits excréteurs (Rete testis, canaux efférents, épididymes, canaux déférents, et urètre), et des glandes annexes (vésicules séminales, prostate, glandes bulbo-urétrales et préputiales) (figure 1) (Roscoe et al., 1941).

## 5.1.1. Appareil uro-génital

Le testicule est relié à un épididyme qui est une structure allongée composée d'une tête, d'un corps et d'une queue (figure 2).La tête se situe au sommet du testicule et le corps longe le bord postérieur du testicule. La queue de l'épididyme se prolonge ensuite par le canal déférent qui débouche dans l'urètre. Ce dernier est destiné à évacuer les urines et le sperme (Vernet, 2006).

### 5.1.1.1. Testicule

Le testicule assure une double fonction exocrine: la production des spermatozoïdes et endocrine : la sécrétion d'hormone sexuelle mâle, la testostérone (Dadoune et Démolin, 1991). C'est un organe pair de forme ovoïde. Il est logé dans la bourse, dont le revêtement cutané est le scrotum. La figure 2 représente un testicule de souris, il est constitué de tubes séminifères séparés les uns des autres par un espace interstitiel. Il est entouré d'une tunique épaisse formée de tissus conjonctifs fibreux: l'albuginée. Le testicule est irrigué grâce à une grande vascularisation provenant de l'artère testiculaire et dont les branches cheminent dans l'albuginée, puis dans l'espace interstitiel.

Le Rete testis est un regroupement particulier de tubes où convergent les tubes séminifères. Les spermatozoïdes continuent alors leurs processus de

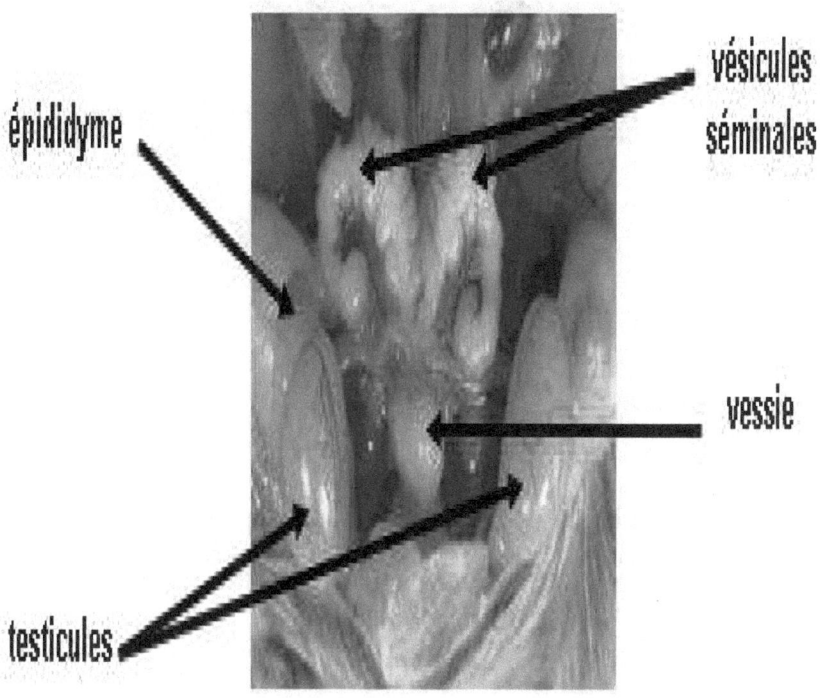

**Figure 1** : Observation de la cavité abdominale d'une souris mâle montrant une partie des organes composant le système uro-génital (Vernet, 2006).

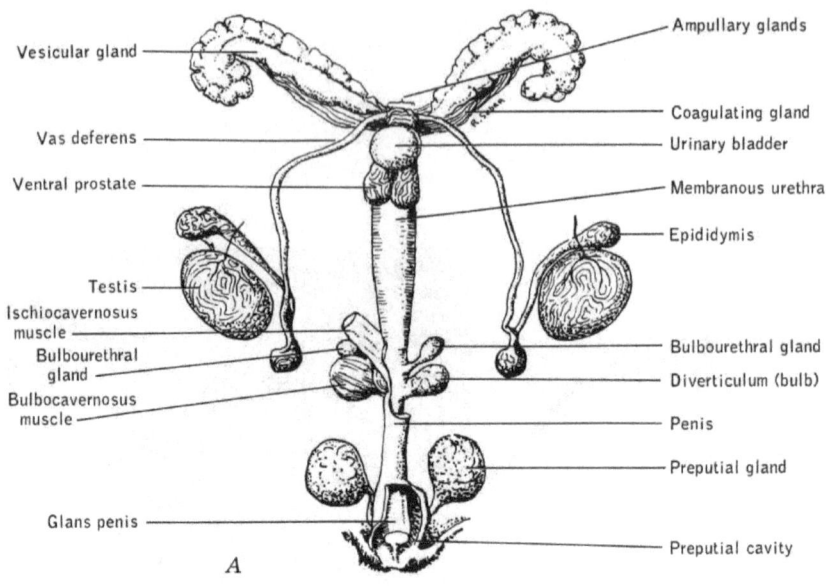

Vesicular gland

Vas deferens

Ventral prostate

Testis

Ischiocavernosus muscle

Bulbourethral gland

Bulbocavernosus muscle

Glans penis

Ampullary glands

Coagulating gland

Urinary bladder

Membranous urethra

Epididymis

Bulbourethral gland

Diverticulum (bulb)

Penis

Preputial gland

Preputial cavity

A

**Figure 2** : Testicule et épididyme de souris (Roscoe et al., 1941).

maturation le long de l'épididyme où ils acquièrent leur mobilité et deviennent fécondant (Soler et al., 1994).

### 5.1.1.1.1. Les tubes séminifères

Les tubes séminifères contiennent des cellules germinales à différents stades de leur développement ainsi que des cellules somatiques, les cellules de Sertoli (Dadoune et Démolin, 1991 ; Brennan et al., 2003 ; Jeays-Ward et al., 2003). Cette association de cellules germinales et de cellules de Sertoli forme l'épithélium séminifère.

Les cellules germinales sont hautement organisées dans l'épithélium séminifère. Les cellules les moins différenciées sont situées du côté basal du tube séminifère (vers la lame basale) et les cellules les plus matures sont situées du côté apical du tube séminifère vers la lumière.

L'épithélium séminifère repose sur la lame basale du tube séminifère. Cette lame basale est constituée de tissus conjonctifs et d'une fine couche de cellules appelées cellules myoides péritubulaires (Maekawa et al., 1996). Ces cellules sont des cellules contractiles qui participent à la propulsion et à l'évacuation des spermatozoïdes qui ne sont pas mobiles dans le testicule.

### 5.1.1.2. Epididyme

Dans le testicule, les tubes séminifères se rejoignent pour former un labyrinthe lacunaire, appelé Rete testis. De celui-ci émergent 5 canaux efférents qui se fondent en un unique canal : le canal épididymaire. L'épididyme est formé de cet unique canal replié sur lui même et empaqueté dans une tunique conjonctive.

Il comporte trois parties identifiables sous la loupe : la tête (caput), le corps (corpus) et la queue (cauda). Les fonctions de l'épididyme sont multiples :

- Réabsorption du fluide testiculaire émanant de l'excrétion des cellules de Sertoli.

- Maturation fonctionnelle des gamètes (acquisition de la mobilité progressive, modification de la composition membranaire des gamètes) (Hossain et Saunders, 2001).

- Stockage et conditionnement des spermatozoïdes.

-Réabsorption des déchets, comme la gouttelette cytoplasmique (reste cytoplasmique perdu par le spermatozoïde dans l'épididyme) ou les cellules en dégénérescence (Marengo, 2008).

- L'épididyme, par ses sécrétions, participe de façon minoritaire au plasma séminal.

Au moment de l'éjaculation, les spermatozoïdes stockés dans la queue de l'épididyme sont activement excrétés dans le canal déférent. Les glandes annexes qui s'abouchent à la base des canaux déférents (vésicules séminales), et dans l'urètre (prostate et glandes bulbo-urétrales) sécrètent alors le plasma séminal.

### 5.1.1.3. Vésicules séminales

La fonction première des glandes annexes principales (vésicules séminales et prostate) est de produire le liquide séminal accompagnant les spermatozoïdes lors de l'éjaculation. Les vésicules séminales sont deux glandes exocrines s'abouchant sur les canaux déférents. La sécrétion des vésicules séminales représente environ 60 à 70% du volume de l'éjaculat. Cette sécrétion a plusieurs fonctions :

- La coagulation du sperme.

- La formation du bouchon vaginal chez la souris (Cette structure est spécifique des rongeurs, l'absence de sa formation conduit à une infertilité du mâle (Murer et al., 2001) .

Chez l'homme, l'acteur principal de cette coagulation est la protéine Semenogelin I. Cette protéine n'est pas retrouvée chez les rongeurs, mais il existe des analogues fonctionnels : les Svs (Seminal vesicle secretion), sept gènes sont actuellement décrits chez la souris.

- La régulation de la mobilité des gamètes (production de fructose, de protéines agissant sur la mobilité de façon inhibitrice (Peitz, 1988) (Yoshida et al ., 2008) ou activatrice (Luo et al., 2001).

La prostate, entourant l'urètre de ses parties latérales et ventrales, produit environ 20% du plasma séminal. La fraction prostatique interviendrait dans la liquéfaction du coagulum et la restauration de la mobilité des spermatozoïdes, notamment grâce à l'action protéolytique du prostate specific antigen (PSA) qui lève l'inhibition par la Semenogelin 1(Robert et al ., 1997 ; Lundwall et al.,1997)ou de (Seminal vesicle secretion ) svs 2 chez la souris (Kawano et Yoshida, 2007) et grâce à un effet du Zinc, présent en forte concentration (Yoshida et al., 2008) .

Les glandes bulbo-urétrales, nommées aussi glandes de Cooper, ont pour fonction de sécréter un fluide lubrifiant précédant l'éjaculat, neutralisant les traces d'acide urique présentes dans le tractus urogénital (Chughtai et al., 2005). Enfin, les glandes préputiales, très développées chez les rongeurs, joueraient un rôle dans la régulation des comportements reproducteurs, par émission de phéromones dans les urines (territorialité et agressivité des mâles, reconnaissance de sous-espèces...) (Zhang et al., 2007). L'ensemble de ces glandes annexes est soumis à une régulation androgénique. Le taux de testostérone circulant régule leur développement à la puberté, ainsi que leur fonctionnement à l'âge adulte. Chez la souris, l'invalidation du gène du récepteur aux androgènes, de façon restreinte, dans la prostate, les vésicules séminales et l'épididyme, conduit à une réduction significative du poids de ces glandes, à des anomalies histologiques de leur épithélium sécrétoire ainsi qu'à la diminution de leur capacité sécrétoire (Simanainen et al., 2008). Les glandes annexes constituent donc des marqueurs de la bonne imprégnation hormonale.

### 5.2. Testostérone

La testostérone est une hormone sexuelle mâle sécrétée par les cellules de Leydig ou les cellules interstitielles des testicules chez l'homme et par les thèques du follicule et les cellules interstitielles des ovaires chez la femme.

La sécrétion de la testostérone est régulée par un rétrocontrôle négatif sur l'hormone lutéinisante (LH), synthétisée par l'hypophyse.

La testostérone est en majeure partie liée aux protéines. Chez l'homme, 98% de la testostérone circulante est liée, cette valeur est légèrement plus faible chez la femme. Cette hormone stéroïdienne est en majorité liée à une protéine de liaison spécifique parfois appelée « Sex Hormone Binding Globulin » (SHBG) ou

« Testosterone Binding Globulin » (TeBG), ainsi que l'albumine sérique (Dunn et al., 1981) (figure 3 et 4).

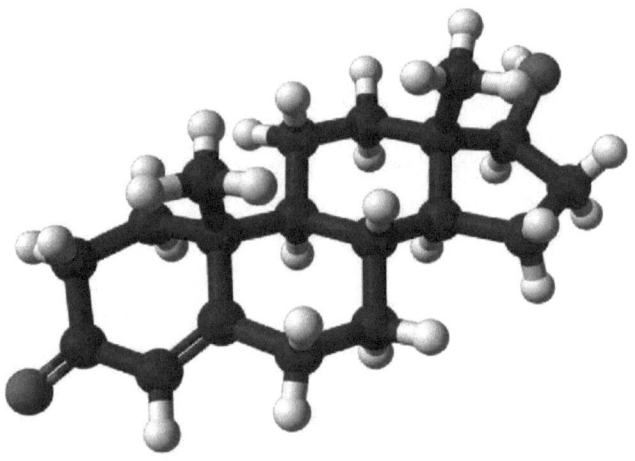

**Figure 3 :** Structure chimique de la testostérone (Chatenet, 2008)

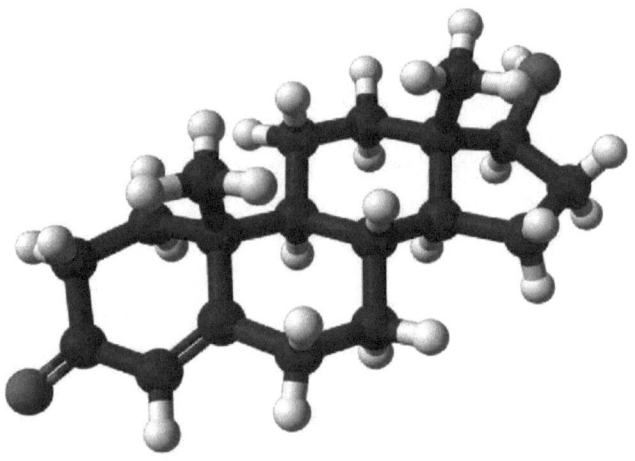

**Figure 4 :** Structure spatiale de la testostérone (Chatenet, 2008)

Le dosage des concentrations de la testostérone est utilisé cliniquement pour le diagnostic différentiel des troubles endocriniens.

Chez l'homme, ces troubles comprennent l'hypogonadisme, l'insuffisance testiculaire et l'infertilité...

La testostérone agit à différents niveaux. Tout d'abord, elle joue un rôle important dans le développement des organes reproducteur mâles comme les vésicules séminales, la prostate ou le pénis. Ensuite, elle active le développement et le maintien des caractères sexuels secondaires.

Par exemple, elle stimule la fonction des glandes sébacées et sudoripares et influe sur les comportements sexuels. Enfin, elle agit sur la spermatogenèse au travers de son rôle dans la régulation de l'axe hypothalamo-hypophysaire-gonadique.

## 6. Le foie organe de détoxification

### 6.1. Généralités

L'étude toxicologique d'un produit est souvent initialisée par une phase descriptive qui porte sur le devenir métabolique de cette substance. De ce fait, les sites majeurs de fixation des molécules toxiques sont le foie et le rein, particularité à mettre en rapport avec leurs capacités de transformation et d'élimination de ces molécules. Pour toutes ces raisons, il nous parait important de passer en revue les principales fonctions de ces organes.

### 6.2. Principales enzymes hépatiques

Les principales enzymes hépatiques ont pour fonction la catalyse biologique, elles augmentent la vitesse de certaines réactions chimiques. Leur taux sérique reflète l'état des tissus : l'augmentation dans le sérum de l'activité d'une enzyme est signe d'une altération ou d'une souffrance cellulaire (Feldmane, 2001). Les enzymes de l'exploration biologique du foie sont les suivantes.

### 6.3. Les transaminases

Les transaminases permettent le transport du groupement amine d'un acide aminé sur un acide a- cétonine. Les deux principales réactions de transamination sont catalysées par les enzymes intracellulaires, la glutamo-oxaloacétique (TGO) et la glutamo-pyruvate (TGP) sont des enzymes intracellulaires (Ward et Cockayne, 1993). Elles sont essentiellement présentes dans le foie, mais aussi dans le cœur, le rein, le cerveau, le muscle et le squelette. En cas de nécrose cellulaire ou d'altération de la perméabilité de la membrane cellulaire, leurs taux sériques s'élèvent (Henderson et Moss, 2001).

### 7. Les conséquences de la consommation du soja

- Les produits chimiques contenus dans le soja augmenteraient le risque de lésions cérébrales chez les hommes et les femmes, et le risque de malformations chez les enfants  (Toppari, 1996).

- Les inhibiteurs de protéase contenus dans le soja perturbent la digestion des protéines et sont à l'origine de malnutrition, de mauvaise croissance, et de souffrance digestive. (Rieu, 2006).

-Les lectines et saponines présentes dans le soja peuvent entraîner une hyperperméabilité intestinale et d'autres problèmes gastro-intestinaux et immunitaires. (Gerber et Berta-Vanrullen, 2006).

-Les phytoestrogènes de soja sont de puissants antithyroïdiens qui peuvent provoquer de l'hypothyroïdie. (Committee on toxicity, 2003).

-Les aliments transformés à base de soja contiennent des niveaux élevés d'aluminium, un composant qui est toxique pour le système nerveux et les reins, et qui est fortement impliqué dans la maladie d'Alzheimer. (Adrian et al.; 1995).

- Selon les calculs, un bébé qui ne prendrait que du lait maternisé de soja consommerait une dose d'œstrogènes équivalant à cinq pilules contraceptives par jour. (Chambolle, 2002).

**Matériels et méthodes**

**1. Animaux et conditions d'élevage**

Les animaux utilisés dans nos protocoles sont des souris de souche Swiss, une souche largement utilisée en toxicologie expérimentale. Ils ont été obtenus auprès de l'Institut Pasteur d'Alger (IPS). Ils sont constitués des deux sexes, élevés et acclimatés avant toute manipulation dans l'animalerie du Laboratoire de Physiologie de la Nutrition et de Sécurité Alimentaire (LPNSA) dans des conditions d'hébergement conformes à la réglementation. Les souris vivent dans des cages conventionnelles, munies d'une mangeoire et d'un biberon. Elles ont libre accès à une nourriture standard, correspondant à un aliment pour rongeurs commercialisé par SARL La Production Locale de Bouzarérah (aliment de bétail en tourteaux agglomérés) (tableau 1). Les manipulations sont effectuées en respectant le bien-être de l'animal, excluant tout état de stress et de nervosité susceptible d'interférer avec les résultats.

## 2. Produits et réactifs

Les dosages hormonaux de la testostérone sont effectués à l'aide de kits VIDAS® testostérone (TES) produits par BioMérieux

### 2.1. Lait utilisé

Le lait de soja en poudre commercialisé en pharmacie, c'est une formule infantile complète à base de protéines de soja enrichie en L-méthionine, L-carnithine et taurine. Elle est recommandée en cas d'allergie aux protéines du lait de vache ou d'intolérance au lactose. C'est un aliment complet, exempt de lait bovin, sans lactose, sans saccharose et exempt de gluten (tableau 2)

### 2.2. Préparation du lait de soja

La préparation du lait soja à partir d'une poudre s'effectue en respectant les mesures indiquées sur la boite destinée aux nourrissons (tableau 3).

Dans notre expérimentation, on prend 7 mesurettes de poudre qui seront diluées dans 210 ml d'eau.

**Tableau 1 :** Composition de l'aliment pour rongeurs dit bouchons

| Composition | quantité (%) |
|---|---|
| Mais | 45% |
| Son | 37% |
| Soja | 15% |
| Phosphate dicalcique | 0,5% |
| Carbonate de calcium | 2,5% |
| Concentré minéral vitaminique | 0,25% |

**Tableau 2 :** Tableau d'alimentation

| Age | Eau en ml (cc) | Mesurettes du lait de soja |
|---|---|---|
| Naissance | 60 | 2 |
| 1-2 semaines | 90 | 3 |
| 3-4 semaines | 120 | 4 |
| 2-3 mois | 150 | 5 |
| 4 mois | 180 | 6 |
| 5 mois | 210 | 7 |
| 6 mois | 210 | 7 |
| 7 mois et plus | 240 | 8 |

**Tableau 3 :** Composition du lait de soja

| Composition moyenne | Unité | Par 100 g de poudre | Par 100ml (13,5%) |
|---|---|---|---|
| ENERGIE | kcal | 502 | 67.8 |
| | KJ | 2101 | 283.6 |
| Protéines | g | 15.1 | 2.0 |
| Lipides | g | 24.1 | 3.3 |
| Acide linoléique | g | 4.6 | 0.6 |
| Acide α-linolénique | g | 0.57 | 0.08 |
| | g | 55.1 | 7.4 |
| Glucides | g | 2.4 | |
| Humidité | g | 2.6 | 0.4 |
| MINERAUX (cendres) | mg | 148 | 20 |
| | mg | 629 | 84.9 |
| Sodium | mg | 570 | 77 |
| Potassium | mg | 333 | 45 |
| Calcium | mg | 419 | 56.6 |
| Phosphore | mg | 58 | 7.8 |
| Chlore | mg | 9.4 | 1.3 |
| Magnésium | µg | 6.3 | 0.9 |
| Fer | µg | 393 | 53 |
| Zinc | µg | 296 | 40 |
| Cuivre | µg | 79 | 10.7 |
| Manganèse | µg | 12 | 1.6 |
| Iode | | | |
| Sélénium | UI | 1572 | 212.2 |
| VITAMINES | UI | 314 | 42.3 |
| A | UI | 10.5 | 1.4 |
| D | µg | 42 | 5.7 |
| E | µg | 419 | 56.6 |
| K | µg | 471 | 63.6 |
| B1 | mg | 5.24 | 0.7 |
| B2 | µg | 314 | 42.4 |
| Niacine | µg | 83.8 | 11.3 |
| B6 | µg | 1.6 | 0.2 |

| | | | |
|---|---|---|---|
| Acide folique | µg | 15.7 | 2.1 |
| B12 | µg | 2.62 | 0.4 |
| Biotine | mg | 63 | 8.5 |
| Acide | mg | 52 | 7 |
| pantothénique | mg | 15 | 2 |
| C | mg | 59 | 8 |
| Taurine | mg | 26 | 3.5 |
| L-carnitine | mg | 124 | 16.7 |
| Choline | | | |
| Inositol | | | |
| L-méthionine | | | |

### 3. Etude de la toxicité du lait de soja

#### 3.1. Test de toxicité subchronique par le lait de soja

Cette expérience permet d'évaluer la toxicité à long terme du lait de soja ingéré de façon répétée par voie orale. L'essai est effectué tout en respectant scrupuleusement l'indication et les doses administrées dans la boite du lait infantile.

### 4. Protocole expérimental

Dans notre étude, nous avons utilisé 24 souris mâles âgées de 4 semaines et pesant en moyenne (13,93 ± 0,50) g. Ces animaux sont répartis en 4 groupes de 6 souris (figure 5) :

Les souris du groupe1 font partie d'une portée dont la mère ne reçoit que du lait de soja dès la mise bas jusqu'au sevrage. Après le sevrage, les souris de ce groupe ne reçoivent à leur tour que du lait de soja pendant 90 jours.Le groupe 2 est constitué d'animaux issus d'une mère qui n'est nourrie qu'au lait de soja pendant la période d'allaitement et reçoivent, après le sevrage, un aliment standard et de l'eau pendant 90 jours.

Le groupe 3 comprend des souris issues d'une mère qui a consommé un aliment standard durant la période d'allaitement et qui ne reçoivent, après le sevrage, que du lait de soja pendant 90 jours.

Les animaux du groupe 4 constituent les témoins. Ces souris sont issues d'une mère qui a consommé de l'aliment standard et qui reçoivent le même régime après le sevrage.

Après 13 semaines d'expérimentation, les souris mâles sont soumises au test de fertilité.

## 5. Mesure de la croissance pondérale

La croissance pondérale des animaux de chaque groupe est mesurée une fois pour semaine pendant toute la durée de l'expérimentation.

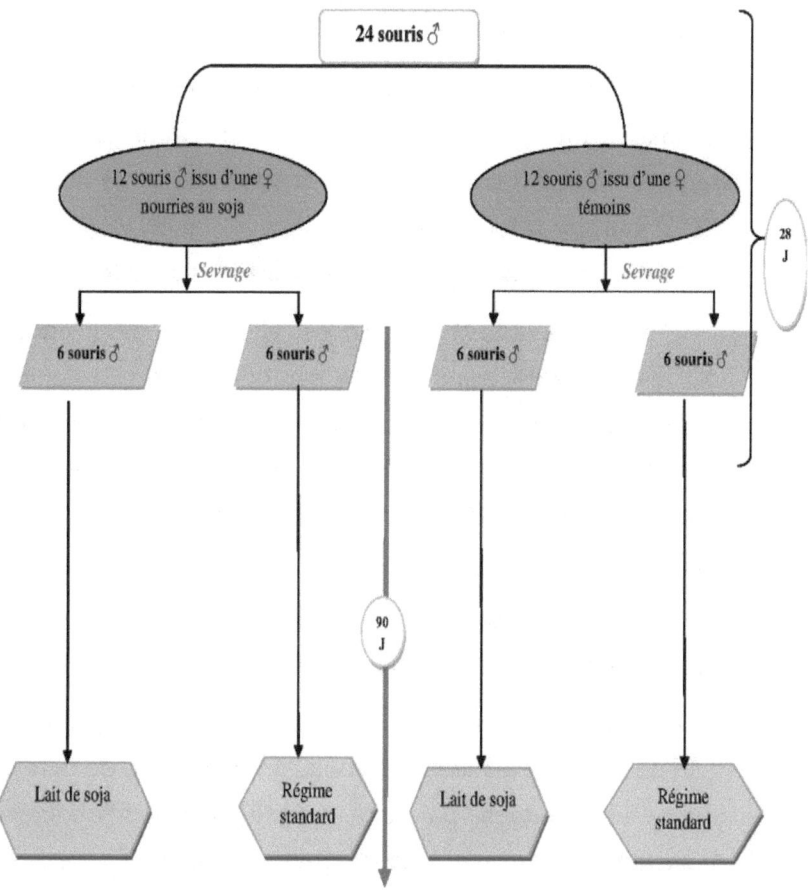

**Figure 5 :** Répartition des groupes expérimentaux de souris recevant le lait de soja et du groupe témoin.

## 6. Test de fertilité

Au bout du 90$^{ème}$ jour, et pendant une semaine, les animaux sont soumis à un test de fertilité, et sur les souris issues du test de fertilité ont détermine le poids et la taille des petits au 7$^{ème}$, 14$^{ème}$ et 28$^{ème}$ jour après leur naissance.

## 7. Prélèvement sanguin et d'organes des souris

Un prélèvement sanguin est effectué à partir du sinus rétro-orbitaire à l'aide d'une pipette pasteur stérile. Le volume prélevé dans les tubes héparinés est d'environ 2ml par souris, il est centrifugé à 3500 trs/min pendant 15min à 4°C. Le sérum récupéré est conservé à -20°C pour être utilisé pour le dosage de la testostérone.

Le sacrifice des animaux se fait par dislocation cervicale et les testicules sont prélevés selon les étapes suivantes :

➢ Nous pratiquons une ouverture sagittale au niveau du scrotum afin de dégager les testicules que l'on a pris soin de faire descendre dans les bourses par une simple pression abdominale. Les testicules apparaissent sous forme de deux glandes ovoïdes de couleur blanchâtres, recouvertes d'une membrane mince d'albuginée. Les testicules sont retenus au fond du scrotum par un ligament qui est aussi fixé sur la queue de l'épididyme. Les vésicules séminales sont aussi prélevées (figure 6)

Les organes prélevés sont ensuite pesés pour la détermination du poids relatif.

Le testicule gauche et la vésicule séminale sont fixés dans une solution de formol à 10%.

Ces échantillons sont destinés à l'étude histologique. Le testicule droit et l'épididyme droit sont conservés pour le comptage des spermatozoïdes.

## 8. Numération des spermatozoïdes

Pour vérifier l'effet du lait de soja sur la fertilité masculine, le comptage des spermatozoïdes est effectué sur les souris mâles adultes.

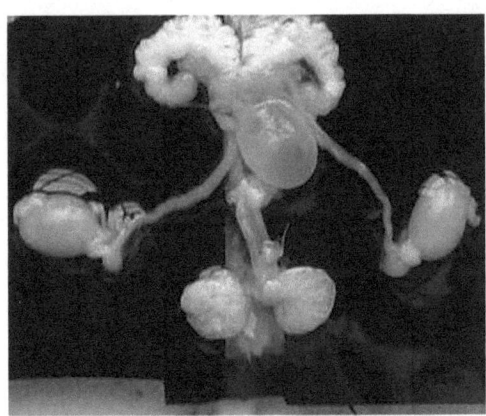

**Figure 6** *:* Appareil reproducteur mâle des souris Swiss

## 8.1. Comptage des spermatozoïdes dans le testicule

Le testicule est prélevé, pesé et finement coupé avec des ciseaux, puis homogénéisé pendant 1 minute dans 10ml de NaCl 9 ‰ contenant 5µl de triton X-100 (Merck, Allemagne). Le nombre de spermatozoïdes est déterminé en utilisant une cellule de Mallassez sur 5 grands carreaux, observés au microscope optique au grossissement 40 (Farag et al. ; 2007).

## 8.2. Comptage des spermatozoïdes dans l'épididyme

L'épididyme est prélevé, pesé, coupé, puis homogénéisé pendant 1 minute dans un pilulier contenant 10 ml de sérum physiologique ajoutant 5µl de triton X-100 (Merck, Allemagne). Le comptage s'effectue sur 5 grands carreaux de la cellule de Mallassez, observé au microscope optique au grossissement 40 (Farag et al., 2007).

## 9. Mobilité des spermatozoïdes

Après prélèvement des organes, l'épididyme placé dans une boîte de Pétri contenant 4 ml de sérum physiologique (0,9% de chlorure de sodium) est haché avec un scalpel puis incubé dans l'étuve à 37°C pendant 15 min. 20µl d'échantillon prélevé sont déposés sur la cellule de Mallassez (Yang et al., 2007) (figure 7).La mobilité des spermatozoïdes est déterminée après 10 observations microscopiques au grossissement 40. Nous avons évalué le pourcentage de mobilité en comptant les spermatozoïdes immobiles sur le fond de la lame par rapport aux spermatozoïdes mobiles évoluant à coté.

Le pourcentage de la mobilité des spermatozoïdes est définie par : $\text{Mobilité des spermatozoïdes (\%)} = \frac{\text{nombre des spermatozoïdes mobile}}{\text{nombre total}} \times 100$

## 10. Détermination des anomalies

Afin d'évaluer la morphologie des spermatozoïdes 20µl de la suspension précédente sont déposés sur une lame. Une fois séché à l'air, les spermatozoïdes

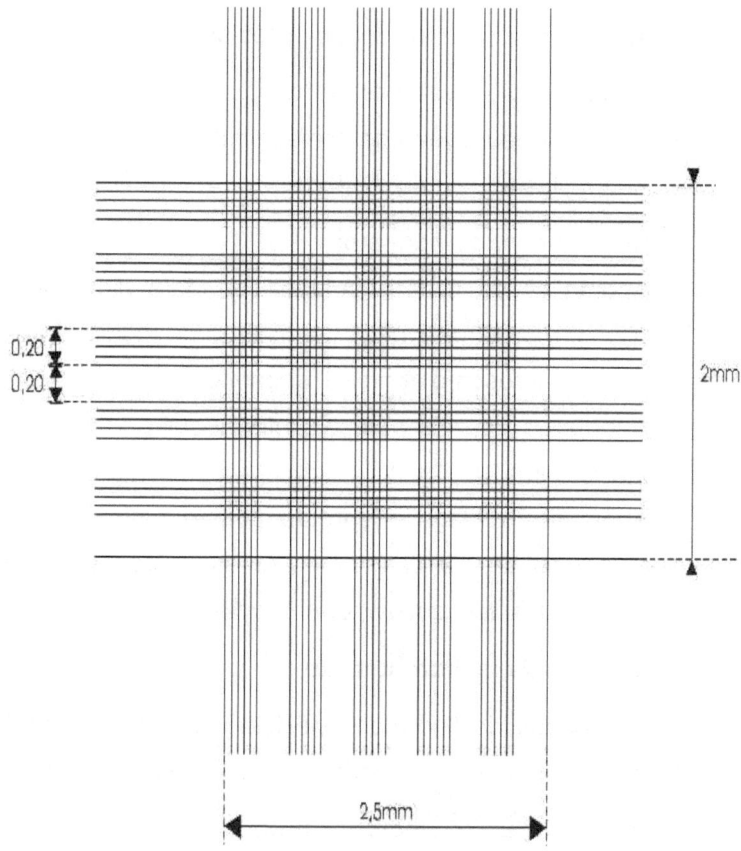

**Figure 7 :** Comptage cellulaire des spermatozoïdes à l'aide d'une cellule de Thoma.

sont fixés à l'éthanol 95° pendant 5min, colorés au Violet de Gentiane pendant 3min, puis rincés à l'eau distillée. Un minimum de 500 spermatozoïdes est examiné au microscope optique (Yang et al., 2007).

Nous les avons classés selon les catégories suivantes : Les spermatozoïdes anormaux sont classés selon des:

> Anomalies au niveau de la tête
> Anomalies au niveau de la pièce intermédiaire
> Anomalies au niveau du flagelle

o Spermatozoïdes normaux
o Anomalies de la tête (malposition, tête piriforme ou ronde, allongée ou étroite, microcéphalique ou macrocéphalique, tête double, acrosome anormal, décapité)
o Anomalies de la pièce intermédiaire (coudée, double, inexistante)
o Anomalies du flagelle (enroulé, double, court, inexistant)
o Présence de cellules autres (cristaux de spermine, cellules épithéliales, leucocytes, érythrocytes).

## 11.Dosage de la testostérone

Le dosage de l'hormone de testostérone est effectué par la technique immunoenzymatique par compétition à une détection finale en fluorescence (Enzyme Linked Fluorescent Assay ) (ELFA) au niveau de l'hôpital Benzardjab à Ain Témouchent .

Le cône à usage unique sert à la fois de phase solide et de système de pipetage. Les autres réactifs de la réaction immunologique sont prêts à l'emploi et pré-répartis dans la cartouche.

Toutes les étapes du test sont réalisées automatiquement dans l'instrument. Elles sont constituées d'une succession de cycles d'aspiration/refoulement du milieu réactionnel.

L'échantillon est prélevé, puis transféré dans le puits contenant le conjugué qui est un dérivé de la testostérone marqué à la phosphatase alcaline. Il se produit une compétition entre la testostérone présente dans l'échantillon et le dérivé testostérone du conjugué vis-à-vis des sites de l'anticorps spécifique anti-testostérone fixé sur le cône. Des étapes de lavage éliminent les composés non fixés.

Lors de l'étape finale de révélation, le substrat (4-Méthyl-ombelliferyl phosphate) est aspiré puis refoulé dans le cône ; l'enzyme du conjugué catalyse la réaction d'hydrolyse de ce substrat en un produit (4-Méthyl-ombelliferone) dont la fluorescence émise est mesurée à 450 nm. La valeur du signal de fluorescence est inversement proportionnelle à la concentration de l'antigène présent dans l'échantillon.

A la fin du test, les résultats sont calculés automatiquement par l'instrument par rapport à une courbe de calibration mémorisée, puis imprimés.

## 12. Etude histologique

Cette étude a pour but de vérifier s'il existe des modifications structurales au niveau des testicules et des vésicules séminales des souris Swiss mâles ayant ingéré du lait de soja comparées aux souris du groupe témoin.

### 12 .1. Traitement des échantillons

Les échantillons utilisés sont soumis préalablement à différentes étapes qui sont :

### 12.1.1. Fixation

Les tissus sont fixés dans du formol à 10% tamponné. Les solutions de formaldéhyde sont les fixateurs les plus répandus.

### 12.1.2. Déshydratation

Après fixation, les tissus sont déshydratés dans 4 bains successifs d'acétone dans l'étuve à 56°C. Chaque bain dure 30 minutes.

### 12 .1.3. Clarification

Cette opération s'effectue après la déshydratation, les pièces sont placées dans 2 bains successifs de xylène. Chaque bain dure 45 minutes.

### 12.1.4. Inclusion

L'inclusion est effectuée avec de la paraffine, qui est un mélange d'hydrocarbure solide à poids moléculaire élevé et de faible affinité. Ces substances sont caractérisées par leur indifférence aux agents chimiques.

Les échantillons sont placés dans deux bains successifs de paraffine pendant une heure chacun à une température de 56°C puis coulés dans des moules métalliques. Ensuite, des cassettes en plastique seront fixés dessus et le volume sera complété avec de la paraffine, puis mis au congélateur pendant 15 minutes pour une bonne solidification.

### 12.2. Traitement des lames

Après l'inclusion à la paraffine, les blocs contenant le fragment sont coupés à l'aide d'un microtome à une épaisseur de 7 µm.

### 12.2.1. Etalement sur lames

Une fois les coupes réalisées, le collage se fait sur une lame de verre qui est recouverte d'une solution d'albumine (2g d'albumine

+ 50ml de glycerine dans 1000 ml d'eau distillee) qui maintient la coupe sur la lame. Elles sont ensuite placées sur une plaque chauffante réglée à une température convenable (40°C), inférieure à celle du point de fusion de la paraffine (56°C). A l'aide d'une pince, les plis de la paraffine sont tirés légèrement de chaque côté, ensuite l'ensemble coupe- lame est retiré de la plaque, égoutté puis essoré au papier joseph.

Avant de procéder à la coloration des lames, il faut les déparaffiner et les réhydrater.

### 12.2.2. Déparaffinage

Pour déparaffiner les lames, il suffit de les placer dans deux bains successifs de toluène. Chaque bain dure 10 minutes.

### 12.2.3. Réhydratation

Elle se fait dans 3 bains successifs d'alcool éthylique de degrés décroissants (100°, 95°,90°, 70°). Chaque bain dure 2 minutes ; le dernier est suivi d'un rinçage à l'eau courante.

### 12.2.4. Coloration

Les lames ont été colorées à l'hémalun–éosine qui représente la plus simple des colorations combinées. On a fait agir successivement un colorant nucléaire « basique » l'hématéine, et un colorant cytoplasmique «acide», l'éosine. La coloration du noyau est bleu-noir et le cytoplasme rose à rouge. La préparation du colorant hématoxyline de Harris est indiquée dans le (tableau 4) (Hould, 1984).

La coloration des lames a été effectuée comme suit :

* Mettre les lames dans l' hématoxyline de Harris durant 2 à 3 minutes.

* Laver les lames à l'eau ordinaire pendant 5 minutes.

* En cas de surcoloration, les lames sont trempées légèrement dans de l'alcool chlorhydrique pendant quelques secondes (100 ml d'alcool à 95° +5 gouttes de Hcl à 1%).

* Bleuir dans une solution aqueuse saturée de carbonate de lithium (rinçage).

**Tableau 4:** Composition et préparation du colorant à l'hématoxyline de Harris (Hould, 1984).

| | |
|---|---|
| Hématoxyline | **5 g** |
| Ethanol | **50 ml** |
| Alun de potassium | **100 g** |
| Eau distillée | **1000 ml** |

*Faire bouillir le mélange*

| | |
|---|---|
| Oxyde mercurique | **2,5 g** |

*Chauffer la solution et filtrer avant usage.*

* Laver les lames à l'eau ordinaire.

* Mettre les lames dans un bain d'alcool éthylique 1 à 2 minutes.

* Colorer les lames à l'éosine alcoolisée (2g d'éosine dans 100ml d'alcool éthylique) pendant 5 minutes.

* Rinçage des lames dans deux bains successifs d'alcool éthylique à 70 ° puis à 95°.

* Mettre les lames dans du toluène pendant 1 minute.

* Mettre entre les lames et lamelle une goutte de baume de Canada ou d'Eukitt.

* Laisser sécher puis observer au microscope optique.

## 13. Prélèvement sanguin des souris

Au terme des 30 jours de consommation de lait de soja, les animaux sont maintenus à jeun la veille en vue de leur sacrifice. Avant le sacrifice, le sang est prélevé à partir du sinus rétro-orbitaire par capillarité à l'aide d'une pipette Pasteur stérile. Le volume moyen de sang total prélevé est de 2 ml. Le sang recueilli dans des tubes héparines est centrifugé à 3500 trs/min à 4°C pendant 15mn. Le sérum obtenu est aliquote puis congelé à -20°C pour le dosage des paramètres biochimiques. Le sacrifice des animaux se fait par dislocation cervical

## 14.Analyses biochimiques sériques

### 14.1.Dosage de l'albumine

Le dosage de l'albumine est effectué par une méthode colorimétrique enzymatique (KIT-ELITECH-CE).

Le vert de bromocrésol (BCG) se fixe sélectivement sur l'albumine en donnant une coloration bleue.

L'absorption de ce complexe est proportionnelle à la concentration de l'albumine de l'échantillon.

La lecture de la densité optique (DO) se fait à une longueur d'onde Λ=628 nm.

La concentration de l'albumine dans le sérum est déduite par la formule suivante :

$$Albumine = 50 \times \frac{DO \; échantillon}{DO \; étalon} \quad (g/1)$$

## 14.2. Dosage du cholestérol total

Le dosage du cholestérol total est effectué par une méthode colorimétrique enzymatique (Kit - biosystems). La lecture de la DO se fait à une longueur d'onde À, = 500 nm. La concentration du cholestérol total dans le sérum est déduite par la formule suivante :

$$Cholestérol = 5,18 \times \frac{DO \; échantillon}{Do \; étalon} \quad (mmol/l)$$

Le dosage de la créatinine est effectué par une méthode cinétique colorimétrique enzymatique sans déprotéinisation (Kit - Biosystems). La créatinine forme en milieu alcalin un complexe coloré avec l'acide picrique. La vitesse de formation de ce complexe est proportionnelle à la concentration de créatinine. La lecture de la DO se fait à une longueur d'onde A, = 500 nm. La concentration de la créatinine dans le sérum est déduite par la formule suivante :

$$\text{Créatinine} = 177 \times \frac{\Delta \text{ DO échantillon}}{\Delta \text{ DO étalon}} \quad (\mu mol/l)$$

### 14.3. Dosage de l'acide urique

Le dosage de l'acide urique est effectué par une méthode colorimétrique enzymatique Uricase-PAP (Kit - Biosystems). L'acide urique est converti par l'uricase en allantoine et périxyde d'hydrogène qui oxyde l'acide 3,5-dichloro-2-hydrobenzénesulfonique et la 4-aminophénazone sous l'action catalytique de la péroxydase, pour former un composé rouge-violacé de la quinonéimine.

La lecture de la densité optique (DO) se fait à une longueur d'onde A, = 520 nm.

La concentration de l'acide urique dans le sérum est déduite par la formule suivante :

$$\text{Acide urique} = \frac{DO \text{ échantillon}}{DO \text{ étalon}} \times \quad (\mu mol/l)$$

### 14.4.Analyses enzymatiques

### 14.4.1.Dosage de la glutamate-oxaloacetate-transaminenase (TGO)

Le dosage de la TGO est effectué par une méthode de Kit (BiOLABO) basée sur le principe suivant : Détermination de l'activité de l'aspartate aminotransférase (AST) :

L-Aspartate+2-Oxoglutarate **AST** Oxaloacétate+L-Glutamate

Oxaloacétate+NADH+H$^+$ $^{MDH}$ L-Malate + NAD$^+$

**MDH** : Malate déshydrogénase

La lecture de la DO se fait à une longueur d'onde A, = 340 nm.

La concentration de la TGO dans le sérum est déduite par la formule suivante :

$$TGO = 1746 \times \frac{\Delta\, DO\ \text{échantillon}}{Minute}\ (U/L)$$

### 14.4.2.Dosage de la glutamate-pyruvate-transaminase (TGP)

Le dosage de la TGP est également effectué par une méthode de Kit (ELITECCH-CE Diagnostics) selon le principe suivant. Détermination de l'activité de Taianine aminotransférase (ALT):

$$\text{l-Alanine} + 2 - \text{Oxoglutarate} \xrightarrow{\text{ALT}} \text{Pyruvate} + \text{L-Glutamate}$$

$$\text{Pyruvate} + \text{NADH} + \text{H}^+ \xrightarrow{\text{LDH}} \text{L-Lactate} + \text{NAD}^+$$

**LDH** : Lactate déshydrogénase

La lecture de la densité optique (DO) se fait à une longueur d'onde A, = 340 nm. La

concentration de la TGP dans le sérum est déduite par la formule suivante :

$$TGP = 1746 \times \frac{\Delta\ DO\ \acute{e}chantillon}{Minute}\quad (U/L)$$

### 15. Analyse statistique

Les résultats sont exprimés sous forme de moyenne ± erreur standard

(X ± ES). L'analyse de la variance est effectuée avec le test ANOVA (version 0,98).

**RESULTATS**

**1. Effet du lait de soja sur la croissance pondérale**

Dans cette partie de notre travail, nous avons évalué les conséquences de la consommation du lait de soja par les souris sur l'évolution de leur poids corporel (figure 8).

Just après le sevrage, le poids des souris des différents groupes est comparable sans différence significative. Ensuite l'évolution de ce poids corporel s'effectue normalement chez tous les animaux.au terme du 90$^{ème}$ jour de l'expérimentation, il n'ya toujours pas différence significative entre les poids atteints par les souris.

Lorsqu'on compare également le gain de poids, c'est-à-dire la différence du poids entre le temps $t_0$ et $t_{90}$, on n'observe également aucune différence significative.

Ces résultats indiquent donc clairement que le lait de soja n'influe pas sur la croissance pondérale des souris ayant reçu ce produit.

**2. Test de fertilité**

Le test de fertilité réalisé permet de mettre en évidence l'impact de lait soja sur la fertilité des souris mâles. Les résultats du tableau (5) montrent l'effet de la consommation du lait de soja sur la descendance. L'étude a été faite sur 18 petits mâles et femelles.

En revanche, le croisement des quatre groupes de souris mâles avec des femelles témoins conduit à l'observation de la fertilité des souris expérimentales ayant ingéré du lait de soja en comparaison aux souris témoins.

Les résultats de ce même tableau montrent que les femelles accouplées avec les mâles ayant ingéré du lait de soja présentent

54

un taux de gestation (index de fertilité) réduit par rapport aux femelles accouplées avec des souris

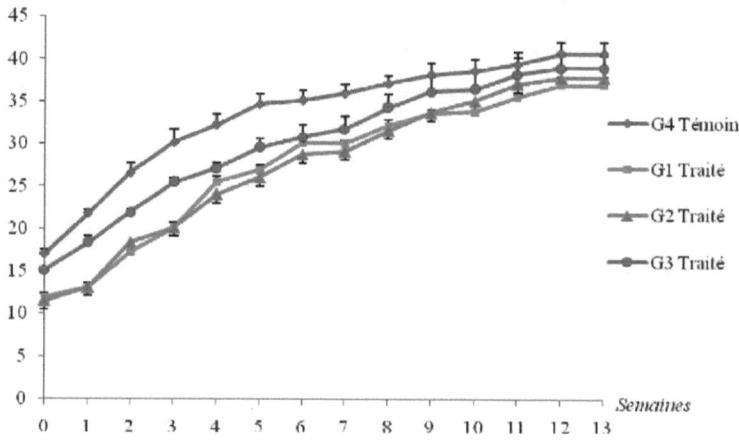

**Figure 8** : Croissance pondérale des souris mâles recevant du lait
de soja et du groupe témoin (n=6 souris / groupe)

Les valeurs représentent des moyennes et leurs erreurs standards
(X±ES),

**Groupe1** : font partie d'une portée dont la mère ne reçoit que du lait
de soja dès la mise bas jusqu'au sevrage. Après le sevrage, les
souris de ce groupe ne reçoivent à leur tour que du lait de soja
pendant 90 jours.

**Groupe 2** : est constitué d'animaux issus d'une mère qui n'est
nourrie qu'au lait de soja pendant la période d'allaitement et
reçoivent, après le sevrage, un aliment standard et de l'eau pendant
90 jours.

**Groupe 3** : comprend des souris issues d'une mère qui a
consommé un aliment standard durant la période d'allaitement et qui
ne reçoivent, après le sevrage, que du lait de soja pendant 90 jours.

**Groupe 4** : constituent les souris témoins. Ces souris sont issues d'une mère qui a consommé de l'aliment standard et qui reçoivent le même régime après le sevrage.

**Tableau 5 :** Test de fertilité

| Paramètres | Témoin (%) | Groupe1 (%) | Groupe 2 (%) | Groupe3(%) |
|---|---|---|---|---|
| Index de fertilité [α] | 6/6 (100%) | 4 /6 (67%) | 4 /6 (67%) | 5/6(83%) |
| Nombre total de nouveau-nés par groupes | 56 | 39 | 18 | 32 |
| Nombre moyen de nouveau-nés par groupe | 9,33±0,56 | 6,5±2,11 | 3±1,13 | 5,33±1,28 |
| **Poids (g)** [β] | | | | |
| J7 | 3,73±0,06 | 3,26±0,17** | 3,51±0,23 | 3,08±0,07** |
| J14 | 7,41±0.21 | 6,27±0.29** | 6,61±0,54 | 5,30±0,12** |
| J28 | 18,93±1,02 | 17,76±0,52 | 10,96±1,01** | 13,93±0,56** |
| **Taille (cm)** [β] | | | | |
| J7 | 6,94±0,07 | 6,11±0,13** | 6,33±0,19** | 6,27±0,11** |
| J14 | 10,42±0,1 | 9,68±0,24** | 9,78±0,34 | 9,32±0,16** |
| J28 | 15,01±0,17 | 14,61±0,15 | 12,14±0,68** | 12,4±0,42** |

α : Nombre des mâles fertiles / nombre total de souris qui se sont accouplées.

β : la moyenne est établie sur n=18 souris.

J7 : 7$^{ème}$ jour.

J14: 14$^{ème}$ jour.

J28: 28$^{ème}$ jour.

Les valeurs représentées sont des moyennes et leurs erreurs standards (X±ES). ** p<0,01.

témoins. Le taux est de 100% chez les femelles accouplées avec des souris mâles témoins et à 67% chez les femelles accouplées avec des mâles ayant ingéré du lait de soja.

Nous avons constaté que le poids  et la taille des petits des souris du  groupe 3 dès la naissance au sevrage de J7, J14 à J28 a diminué très significativement par rapport au témoin   (figures 9 et 10).

En revanche, le poids et la taille des portées  des souris des groupes 1 diminue très significativement à J7 et J14 comparées aux souris témoins (p<0,01).

Le poids à J28 diminue d'une façon très significatif  chez les petits des souris de groupes 2, cependant  leur taille à J7 et J28 est réduite de façon très significative  par rapport aux témoins (p<0,01).

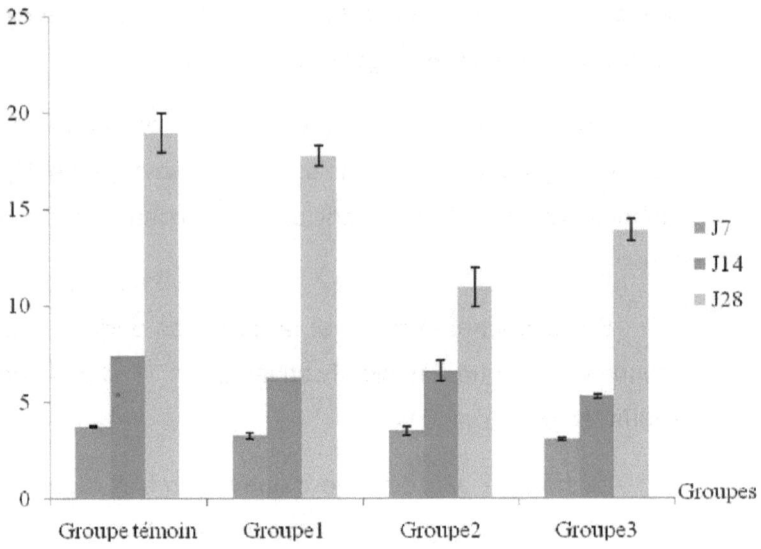

**Figure 9**: Evolution du poids corporel des petits issus des mâles des différents groupes ayant consommé du lait de soja.

Les valeurs représentées sont des moyennes et leurs erreurs standards

(X ± ES) n=18 souris pour chaque groupe.

** p < 0,01.

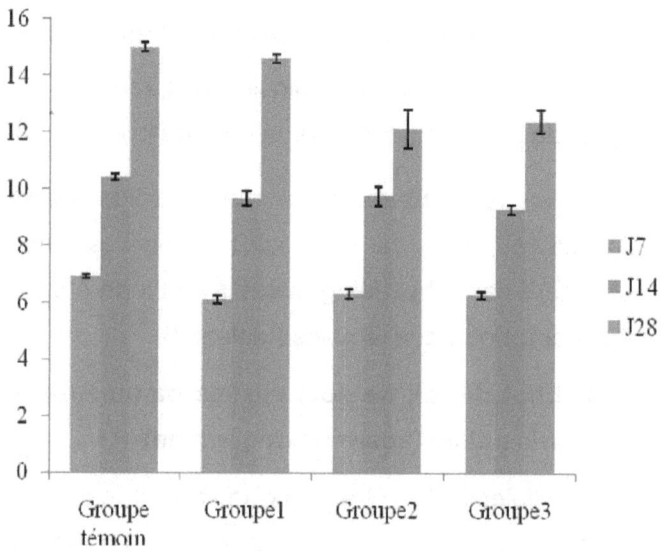

**Figure 10**: Evolution de la taille des petits issus des mâles des différents groupes  ayant consommé du lait de soja.

Les valeurs représentées sont des moyennes et leurs erreurs standards

(X ± ES) n=18 souris pour chaque groupe.

** p < 0,01.

### 3. Effet du lait de soja sur le poids relatif des organes sexuels

Le poids relatif des organes sexuels est déterminé selon la relation suivante :

Poids relatif d'un organe = (poids de l'organe/poids de souris) x100.

Cette méthode de calcule nous renseigne sur l'évolution du poids de l'organe par rapport à celle du poids de l'organisme entier.

Nos résultats montrent que les poids relatifs du testicule, de l'épididyme, et des vésicules séminales chez les mâles, ne changent pas chez les groupes ayant ingéré du lait de soja durant 90 j par rapport aux témoins (tableau 6).

### 4. Effet du lait de soja sur les paramètres sexuels chez les souris mâles (spermocytogramme)

L'objectif de cette partie de travail, est d'évaluer l'effet de la consommation du lait de soja sur les paramètres sexuels de la souris mâle Swiss.

### 4.1. Mobilité des spermatozoïdes

Nos résultats montrent une diminution très significative du pourcentage de la mobilité des spermatozoïdes épididymaires chez les souris ayant ingéré du lait de soja.

Ces valeurs sont respectivement 37,89±3,27 % pour le groupe 1, 44,25±1,32 % le groupe 2 et 49,82±4,48 % pour le groupe 3 contre 74,34±2,13 % pour groupe témoin ($p < 0,01$).

Ces données indiquent très clairement que la mobilité des spermatozoïdes est très significativement diminuée chez les mâles ayant ingéré du lait de soja traduiront une nécrospermie (figure 11).

63

**Tableau 6 :** Effet du lait de soja sur le poids relatif des organes sexuels chez les souris mâles

|  | Testicules | Vésicules séminales | Epididymes |
|---|---|---|---|
| **Témoin** | 0,62±0,03 | 0,72±0,10 | 0,24±0,03 |
| **Groupe 1** | 0,55±0,04 | 0,7 ±0,12 | 0,28±0,01 |
| **Groupe 2** | 0,57±0,04 | 0,57±0,11 | 0,3 ±0,01 |
| **Groupe 3** | 0,56±0,02 | 0,53±0,07 | 0,24±0,01 |

Les valeurs représentent des moyennes et leurs erreurs standards (X±ES), (n=6 souris) pour chaque groupe.

**Groupe1** : font partie d'une portée dont la mère ne reçoit que du lait de soja dès la mise bas jusqu'au sevrage. Après le sevrage, les souris de ce groupe ne reçoivent à leur tour que du lait de soja pendant 90 jours.

**Groupe 2** : est constitué d'animaux issus d'une mère qui n'est nourrie qu'au lait de soja pendant la période d'allaitement et reçoivent, après le sevrage, un aliment standard et de l'eau pendant 90 jours.

**Groupe 3** : comprend des souris issues d'une mère qui a consommé un aliment standard durant la période d'allaitement et qui ne reçoivent, après le sevrage, que du lait de soja pendant 90 jours.

**Groupe 4** : constituent les souris témoins. Ces souris sont issues d'une mère qui a consommé de l'aliment standard et qui reçoivent le même régime après le sevrage.

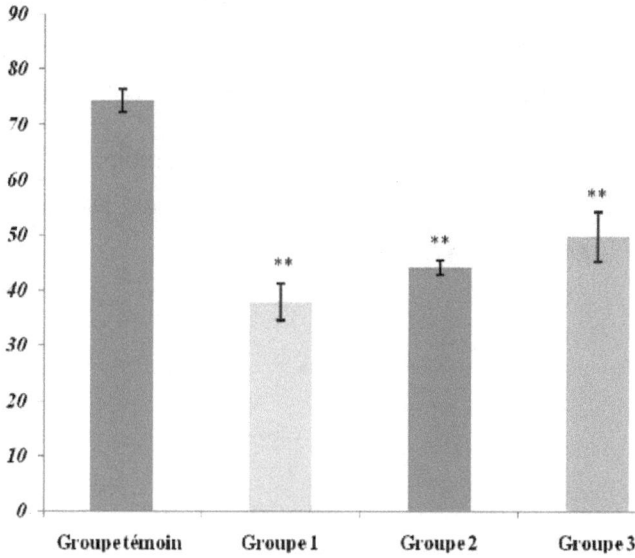

**Figure 11**: Pourcentage des spermatozoïdes épididymaires mobiles des souris expérimentales ayant ingéré du lait de soja comparé à celui des témoins.

Les valeurs représentées sont des moyennes et leurs erreurs standards (X±ES).

** p<0,01

**Groupe1** : font partie d'une portée dont la mère ne reçoit que du lait de soja dès la mise bas jusqu'au sevrage. Après le sevrage, les souris de ce groupe ne reçoivent à leur tour que du lait de soja pendant 90 jours.

**Groupe 2** : est constitué d'animaux issus d'une mère qui n'est nourrie qu'au lait de soja pendant la période d'allaitement et reçoivent, après le sevrage, un aliment standard et de l'eau pendant 90 jours.

**Groupe 3** : comprend des souris issues d'une mère qui a consommé un aliment standard durant la période d'allaitement et qui ne reçoivent, après le sevrage, que du lait de soja pendant 90 jours.

**Groupe 4** : constituent les souris témoins. Ces souris sont issues d'une mère qui a consommé de l'aliment standard et qui reçoivent le même régime après le sevrage.

## 4.2. Comptage des spermatozoïdes dans le testicule et l'épididyme

Les résultats obtenus révèlent une diminution importante et très significative du nombre des spermatozoïdes testiculaires et épididymaires chez les souris des groupes ayant ingéré du lait de soja.

Nos résultats indiquent que les souris ayant ingéré du lait de soja des groupes 2 et 3 présentent une oligospermie (présence de spermatozoïdes en quantité anormalement faible) par rapport aux souris témoins. Le nombre des spermatozoïdes testiculaire passe de $(8,9 \pm 1,72) \times 10^6$ spz/ml chez les témoins à $(3,17 \pm 0,30) \times 10^6$ spz/ml et $(3,63 \pm 0,36) \times 10^6$ spz/ml chez les souris des groupes 2 et 3, respectivement (figure 12) $(p<0,01)$.

De même, les résultats de la figure 13 montrent que le nombre des spermatozoïdes épididymaires a diminué très significativement chez les groupes 1, 2 et 3 ayant ingéré du lait de soja dont les valeurs sont respectivement $(7,43 \pm 0,53) \times 10^6$ spz/ml, $(6,5 \pm 0,41) \times 10^6$ spz/ml et $(5,27 \pm 0,59) \times 10^6$ spz/ml spermatozoïdes comparé à la valeur des souris du groupe témoin $(14,53 \pm 1,43) \times 10^6$ spz/ml $(p< 0,01)$.

## 4.3. Comptage des spermatozoïdes par gramme de testicule et d'épididyme

La figure 14 présente une baisse très significative du nombre des spermatozoïdes testiculaire chez les souris des groupes expérimentaux 2 et 3 dont les valeurs sont respectivement $(31,04 \pm 3,62) \times 10^6$ spz/g et $(35,37 \pm 3,89) \times 10^6$ spz /g comparé au groupe témoin dont la valeur est de $(79,68 \pm 14,84) \times 10^6$ spz /g $(p< 0,01)$.Cependant, on a observé une réduction très significative du nombre de spermatozoïdes épididymaire (figure 15). Les souris témoins présentant une valeur de (385,35 ± 89,08) x $10^6$ spz /g comparé au groupe 2 et 3 dont les valeurs sont respectivement de (119,20±7,36) x $10^6$ spz /g et (118,93 ± 13,10) x $10^6$ spz /g.

**Nombre de spermatozoïdes**

**(10⁶/ml)**

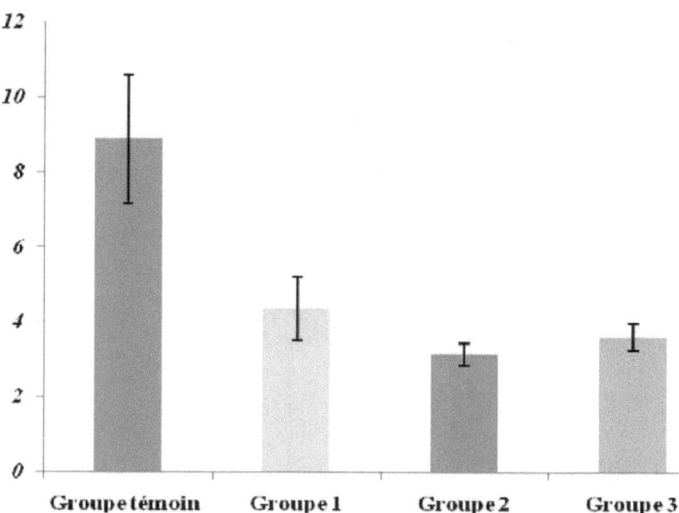

**Figure 12** : Nombre des spermatozoïdes (10⁶/ml) testiculaires des souris témoins mâles et des souris expérimentales ayant ingéré du lait de soja (n=6 souris/ groupe).

Les valeurs représentées sont des moyennes et leurs erreurs standards (X±ES).

**p<0,01

**Groupe1** : font partie d'une portée dont la mère ne reçoit que du lait de soja dès la mise bas jusqu'au sevrage. Après le sevrage, les souris de ce groupe ne reçoivent à leur tour que du lait de soja pendant 90 jours.

**Groupe 2** : est constitué d'animaux issus d'une mère qui n'est nourrie qu'au lait de soja pendant la période d'allaitement et reçoivent, après le sevrage, un aliment standard et de l'eau pendant 90 jours.

**Groupe 3** : comprend des souris issues d'une mère qui a consommé un aliment standard durant la période d'allaitement et qui ne reçoivent, après le sevrage, que du lait de soja pendant 90 jours.

**Groupe 4** : constituent les souris témoins. Ces souris sont issues d'une mère qui a consommé de l'aliment standard et qui reçoivent le même régime après le sevrage.

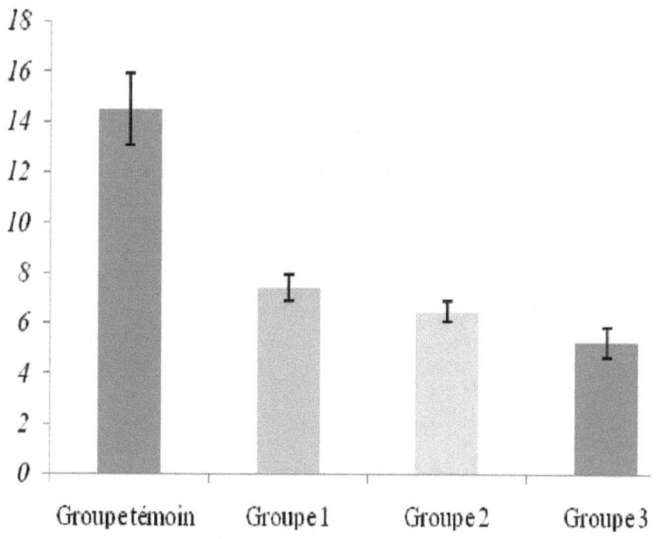

**Figure 13:** Nombre des spermatozoïdes épididymaires ($10^6$/ml) des souris ayant ingéré du lait de soja comparé à celui des souris témoins (n=6 souris/ groupe).

Les valeurs représentées sont des moyennes et leurs erreurs standards (X±ES) [**]$p<0,01$.

**Groupe1** : font partie d'une portée dont la mère ne reçoit que du lait de soja dès la mise bas jusqu'au sevrage. Après le sevrage, les souris de ce groupe ne reçoivent à leur tour que du lait de soja pendant 90 jours.

**Groupe 2** : est constitué d'animaux issus d'une mère qui n'est nourrie qu'au lait de soja pendant la période d'allaitement et reçoivent, après le sevrage, un aliment standard et de l'eau pendant 90 jours.

**Groupe 3** : comprend des souris issues d'une mère qui a consommé un aliment standard durant la période d'allaitement et qui ne reçoivent, après le sevrage, que du lait de soja pendant 90 jours.

**Groupe 4** : constituent les souris témoins. Ces souris sont issues d'une mère qui a consommé de l'aliment standard et qui reçoivent le même régime après le sevrage.

Nbre de spermatozoïdes /g

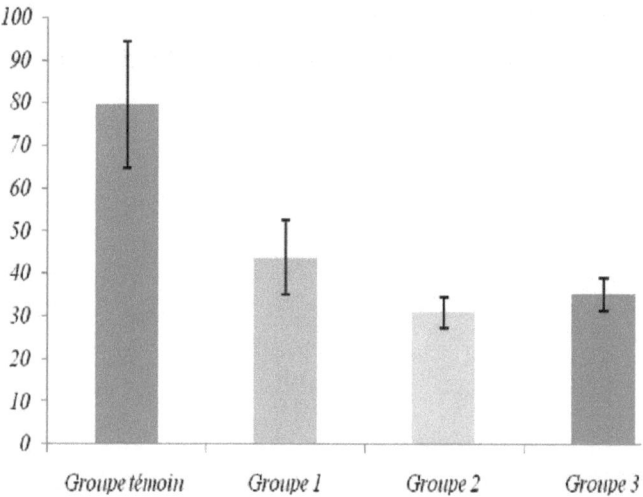

**Figure 14:** Nombre de spermatozoïdes par gramme de testicule ($10^6$/g) chez les souris témoins comparé à celui des souris ayant ingéré du lait de soja (n=6 souris/ groupe).

Les valeurs représentées sont des moyennes et leurs erreurs standards (X±ES) [**]p<0,01.

**Groupe1** : font partie d'une portée dont la mère ne reçoit que du lait de soja dès la mise bas jusqu'au sevrage. Après le sevrage, les souris de ce groupe ne reçoivent à leur tour que du lait de soja pendant 90 jours.

**Groupe 2** : est constitué d'animaux issus d'une mère qui n'est nourrie qu'au lait de soja pendant la période d'allaitement et reçoivent, après le sevrage, un aliment standard et de l'eau pendant 90 jours.

**Groupe 3** : comprend des souris issues d'une mère qui a consommé un aliment standard durant la période d'allaitement et qui ne reçoivent, après le sevrage, que du lait de soja pendant 90 jours.

**Groupe 4** : constituent les souris témoins. Ces souris sont issues d'une mère qui a consommé de l'aliment standard et qui reçoivent le même régime après le sevrage.

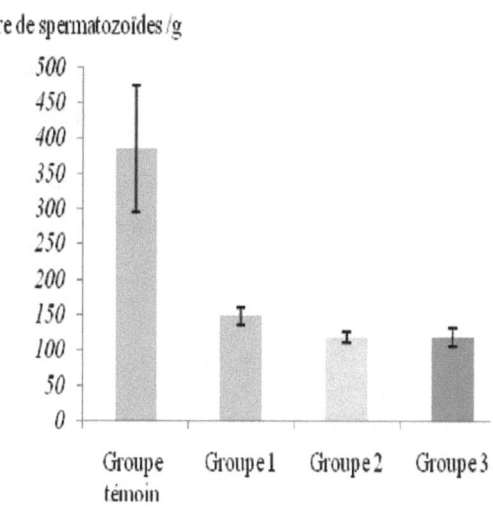

Nbre de spermatozoïdes /g

**Figure 15:** Nombre de spermatozoïdes par gramme d'épididyme (10⁶/g) chez les souris témoins comparé à celui des souris ayant ingéré du lait de soja (n=6 souris/ groupe).

Nbre : Nombre des spermatozoïdes /gramme dans l'épididyme.

Les valeurs représentées sont des moyennes et leurs erreurs standards (X±ES) **p<0,01.

**Groupe1** : font partie d'une portée dont la mère ne reçoit que du lait de soja dès la mise bas jusqu'au sevrage. Après le sevrage, les souris de ce groupe ne reçoivent à leur tour que du lait de soja pendant 90 jours.

**Groupe 2** : est constitué d'animaux issus d'une mère qui n'est nourrie qu'au lait de soja pendant la période d'allaitement et reçoivent, après le sevrage, un aliment standard et de l'eau pendant 90 jours.

**Groupe 3** : comprend des souris issues d'une mère qui a consommé un aliment standard durant la période d'allaitement et qui ne reçoivent, après le sevrage, que du lait de soja pendant 90 jours.

**Groupe 4** : constituent les souris témoins. Ces souris sont issues d'une mère qui a consommé de l'aliment standard et qui reçoivent le même régime après le sevrage

## 4.4.Morphologie des spermatozoïdes

La morphologie, dernier paramètre analysé du spermogramme ne semble pas échapper aux effets néfastes du lait de soja.

Les résultats de la figure 17 montrent que le pourcentage de la tératozoospermie (anomalie morphologique des spermatozoïdes) est plus important chez les souris ayant ingéré du lait de soja comparé au lot témoin. Le pourcentage des anomalies morphologiques des spermatozoïdes anormaux est plus fréquent chez les souris ayant ingéré du lait de soja des groupes 1 et 2 qui ont respectivement des valeurs allant de (16,3±2,41)% et de (19±2,57)% comparé a la valeur du lot témoin qui est de (7,67±0,60)%.

Ces résultats sont confirmés par l'étude morphologique des spermatozoïdes, qui indique l'existence de plusieurs anomalies morphologiques au niveau de la tête et du flagelle.

La morphologie des spermatozoïdes est analysée selon les differentes formes anormales observées en microscope optique au niveau de la tête (microcéphale, macrocéphale, acéphale et tête irrégulière),de la pièce intermédiaire et du flagelle (enroulé, court, avec anse, double) (figures 18, 19 et 20).

## 5.Dosage hormonal

Les résultats de la figure 21 montrent une réduction très significative de la concentration de la testostérone plasmatique chez les souris de groupe 2 ayant ingéré du lait de soja par le biais de l'allaitement. La concentration sérique de la testostérone passe de la valeur de 6,21±1,54 ng /ml chez les souris contrôle à 1,08±0,41 ng/ml chez les souris du groupe 2 (p<0,01).

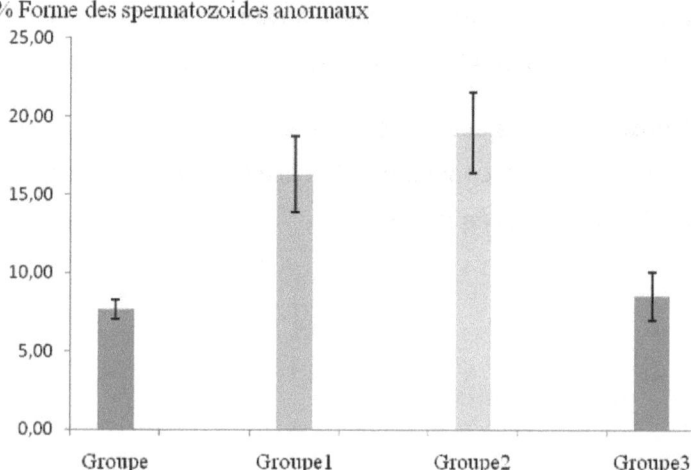

% Forme des spermatozoïdes anormaux

**Figure 17 :** Pourcentage des spermatozoïdes anormaux chez les animaux des différents groupes (n=6 souris/ groupe).

Les valeurs représentées sont des moyennes et leurs erreurs standards (X±ES) **p<0,01.

**Groupe1** : font partie d'une portée dont la mère ne reçoit que du lait de soja dès la mise bas jusqu'au sevrage. Après le sevrage, les souris de ce groupe ne reçoivent à leur tour que du lait de soja pendant 90 jours.

**Groupe 2** : est constitué d'animaux issus d'une mère qui n'est nourrie qu'au lait de soja pendant la période d'allaitement et reçoivent, après le sevrage, un aliment standard et de l'eau pendant 90 jours.

**Groupe 3** : comprend des souris issues d'une mère qui a consommé un aliment standard durant la période d'allaitement et qui ne reçoivent, après le sevrage, que du lait de soja pendant 90 jours.

**Groupe 4** : constituent les souris témoins. Ces souris sont issues d'une mère qui a consommé de l'aliment standard et qui reçoivent le même régime après le sevrage.

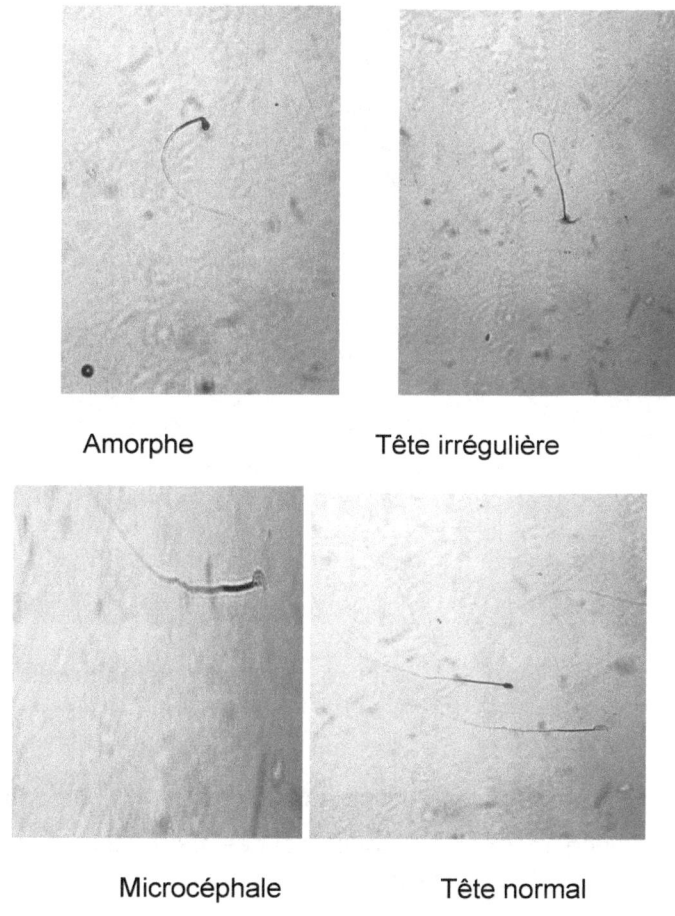

Amorphe               Tête irrégulière

Microcéphale          Tête normal

**Figure 18:** Observation au microscope optique des différentes anomalies de la tête des spermatozoïdes colorée au Violet de Gentiane au G (10x40).

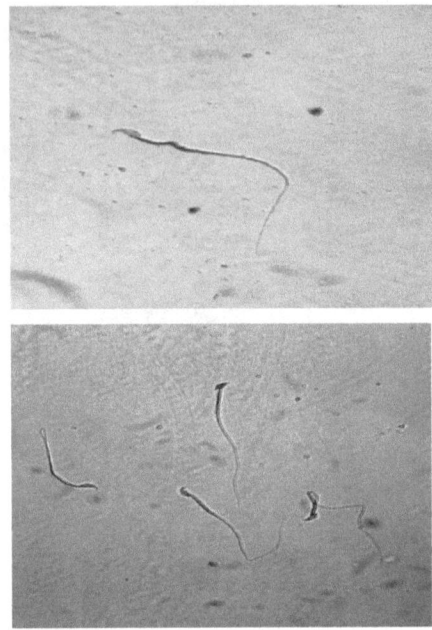

Pièces intermédiaires angulées

**Figure 19:** Observation au microscope optique des anomalies de la pièce intermédiaire (angulée) des spermatozoïdes colorée au Violet de Gentiane au G (10x40).

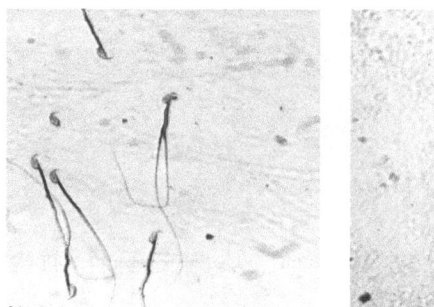
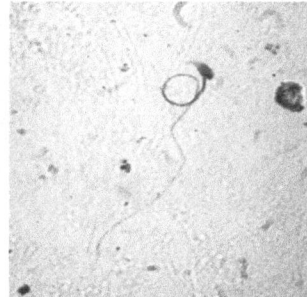

**A** : Double flagelle          **B**: Enroulé

**Figure 20:** Observation au microscope optique des différentes anomalies du flagelle des spermatozoïdes coloré au Violet de Gentiane au G (10x40).

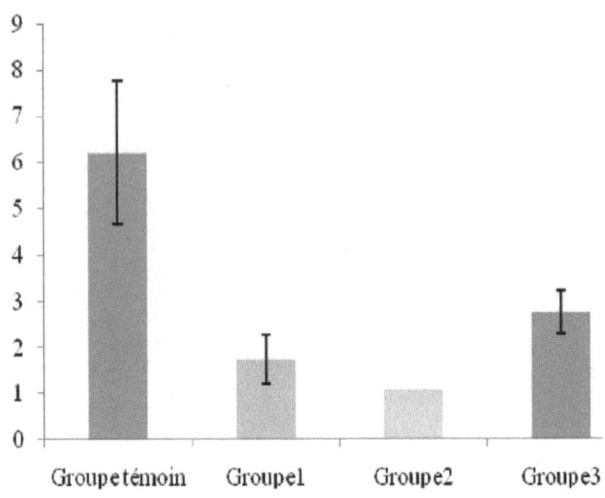

**Figure 21 :** Concentration de la testostérone plasmatique (ng /ml) chez les souris témoins et les souris ayant ingéré du lait de soja (n=6 souris/ groupe).

Les valeurs représentées sont des moyennes et leurs erreurs standards (X±ES).

[**]$p<0,01$

**Groupe1** : font partie d'une portée dont la mère ne reçoit que du lait de soja dès la mise bas jusqu'au sevrage. Après le sevrage, les souris de ce groupe ne reçoivent à leur tour que du lait de soja pendant 90 jours.

**Groupe 2** : est constitué d'animaux issus d'une mère qui n'est nourrie qu'au lait de soja pendant la période d'allaitement et reçoivent, après le sevrage, un aliment standard et de l'eau pendant 90 jours.

**Groupe 3** : comprend des souris issues d'une mère qui a consommé un aliment standard durant la période d'allaitement et qui ne reçoivent, après le sevrage, que du lait de soja pendant 90 jours.

**Groupe 4** : constituent les souris témoins. Ces souris sont issues d'une mère qui a consommé de l'aliment standard et qui reçoivent le même régime après le sevrage.

## 6. Etude histologique

Le but de cette partie est de voir si l'atteinte pondérale s'accompagne ou non d'une altération de l'architecture tissulaire. Pour cela, nous avons réalisé des coupes histologiques au niveau des testicules chez les souris témoins et les souris expérimentales ayant ingéré du lait de soja.

### 6.1. Effet du lait de soja sur la structure des testicules

Selon les figures 23 et 24, l'histologie du testicule témoin montre des tubes séminifères serrés avec des espaces interstitiels faibles. On peut observer facilement les différents stades de la spermatogenèse qui se déroulent d'une façon centripète au niveau de la paroi des tubes séminifères. Les spermatogonies de petite taille sont situées à proximité de la membrane basale. Les spermatocytes I et II de plus grande taille sont à noyaux volumineux et parfois en phase de division. Les spermatides plus petites sont situés vers l'intérieur des tubes. Les spermatozoïdes mûrs remplissent presque la totalité de la lumière des tubes par leurs flagelles. Chez les souris ayant ingéré du lait de soja, ces différents stades sont altérés. Ces altérations et modifications sont détectées. Parmi les perturbations, nous avons observé :

❖ Une diminution de l'épaisseur de l'épithélium germinal.

❖ Des spermatides non différenciés qui remplissent les lumières des tubes séminifères, absence de spermatozoïdes (débris cellulaires).

❖ Une atrophie du tissu conjonctif.

❖ Une hyperplasie des cellules de Leydig.

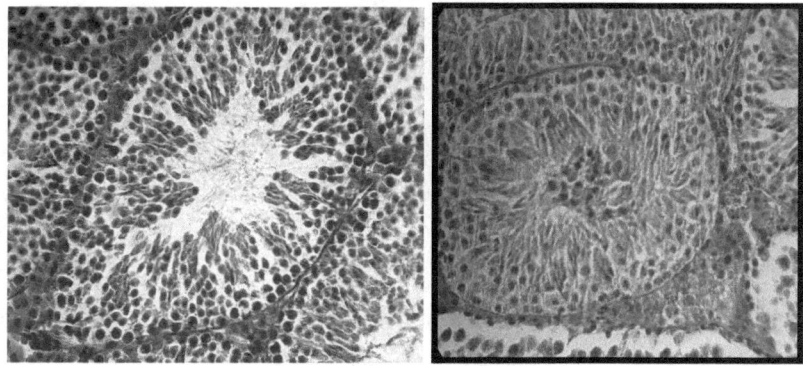

**Figure 23 :**Effet du lait de soja sur la structure des testicules vue au microscope au G(10x40)

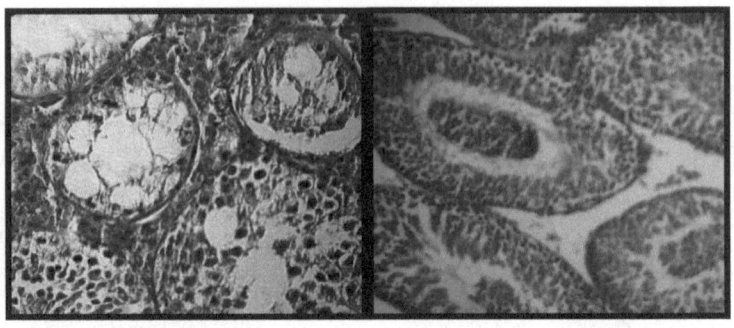

**Figure 24 :** Effet du lait de soja sur la structure des testicules vue au microscope au G(10x40)

## 6.2.Effet du lait de soja sur la structure des vésicules séminales

L'observation microscopique des coupes histologique au niveau des vésicules séminales des souris témoins (figures 25,et 26) montre un épithélium cubique simple formant des vésicules glandulaires exocrine

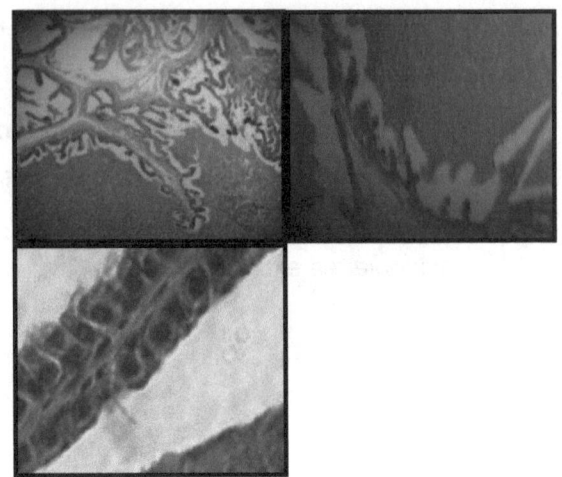

**Figure 25 :**Micrographie de coupe histologique des vésicules séminales des souris ayant ingéré du lait de soja coloré à l'hémalun–éosine  G (10x40)

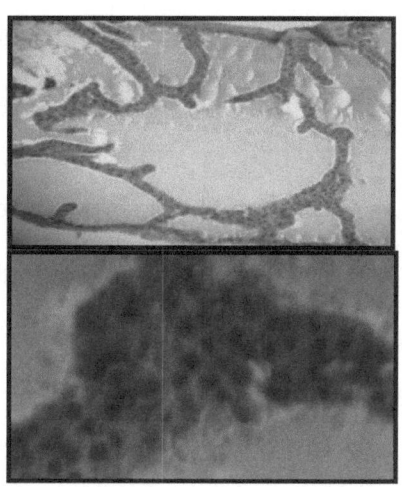

**Figure 26 :**Micrographie de coupe histologique des vésicules séminales des souris ayant ingéré du lait de soja coloré à l'hémalun–éosine G (10x40)

renferment du liquide séminale soutenues par un tissu conjonctif richement vascularisé.

Les groupes des souris ayant ingéré du lait de soja montre des altérations à différents degrés :

- ❖ Une dystrophie épithélium glandulaire.

- ❖ Une hyperplasie glandulaire localisé.

- ❖ Une réduction de la taille des cellules glandulaires (modification du rapport nucléoplasmatique

- ❖ Une accumulation du produit de sécrétion

- ❖ Une atrophie du tissu conjonctif

## 7. Teneur en acide urique

Les teneurs en acide urique sont représentées dans la (figure 27). Les concentrations en acide urique sont augmentées chez tous les groupes expérimentaux comparés aux témoins. Cette augmentation est très marquée, comparée aux témoins (p<0,01) (49,01 ± 1,59) vs (45,15 ± 1,34) mg/1 respectivement.

## 8.Teneur en TGO

Les teneurs en TGO sont représentées dans la (figure 28). Les souris traités au lait de soja présentent des valeurs faibles en TGO par rapport aux témoins.

Les valeurs en TGO chez les souris traitées au lait de soja sont respectivement (316,35 ± 14,19) U/l vs (474,82±16,72) comparés aux témoins (p<0,05)

## 9.Teneur en TGP

Les teneurs en TG présentent des valeurs significativement diminuées chez les groupes expérimentaux comparés aux témoins .Les valeurs représentent respectivement chez les souris traitées au lait de soja (316,18 ± 20,46) vs (571,18 ± 16,08) U/l comparés aux témoins. (p<0,05)

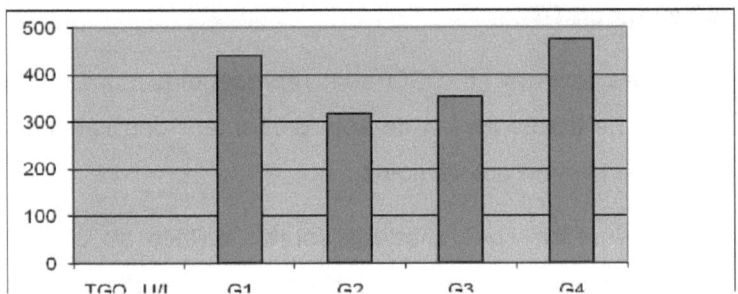

**Figure 27:** Teneur en TGO (U/l) chez les souris témoins et les souris

expérimentales traitées au lait de soja pendant 30 jours (n=10).

Les valeurs représentées sont des moyennes et leurs erreurs standards      (X ± ES).

* p<0,05

* : Témoin vs les groupes expérimentaux.

On note une diminution significative chez les groupes traités au lait de soja comparé aux témoins.

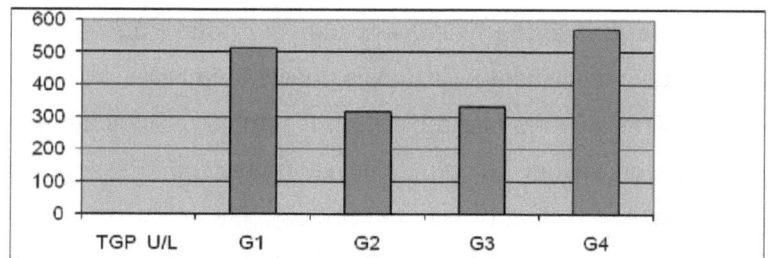

**Figure 28:** Teneur en TGP (U/l) chez les souris témoins et les souris expérimentales traitées au lait de soja pendant 30 jours (n=10).

Les valeurs représentées sont des moyennes et leurs erreurs standards (X ± ES).

* p<0,05

* : Témoin vs les groupes expérimentaux.

On note une diminution significative chez les groupes traités au lait de soja comparés aux témoins.

## DISCUSSION

La fertilité chez les mammifères est très sensible aux perturbations de l'organisme par les agents exogènes. De nombreuses études indiquent une diminution du nombre et de la qualité des cellules sexuelles mâles humaines au cours de ces dernières années (Jegou, 1996). Il semble que les perturbations de l'appareil sexuel humain mâle se multiplient. Plusieurs composés exogènes incluant les pesticides, les drogues, les solvants organiques, le tabac (Tuormaa ,1995), les xénohormones (Toppari et al. ; 1996). Bien que les mécanismes

biochimiques de leur toxicité ne soient pas encore bien compris, ils sont considérés comme de véritables agents toxiques, touchant la fertilité (Xie, 1995 ; El Feki et al., 2000).

Peu de travaux récents montrent que les phyto-estrogènes peuvent avoir des effets délétères chez l'animal, en particulier sur le développement et la maturation des organes sexuels, et sur la fertilité (Auger, 2008). Les aliments à base de soja constituent la principale source de phyto-estrogènes chez l'homme, il est donc important d'évaluer les niveaux d'apports en phyto-estrogènes contenus dans les aliments à base de soja que peuvent consommer les nourrissons et les jeunes enfants, et de s'interroger sur les risque éventuellement encourus (comité de nutrition, 2006). Les nourrissons alimentés de façon exclusive avec des préparations pour nourrisson à base de protéines de soja constituent aujourd'hui le sous groupe de la population le plus exposé aux phyto-estrogènes. Ce lait industriel à base de protéines de soja constitue la principale source de phyto-estrogènes chez l'homme. Ces composés chimiques naturels sont susceptibles d'avoir une toxicité sur la fonction de reproduction, car ils sont capables de stimuler,

97

favoriser ou inhiber l'action des hormones d'où ils peuvent en théorie modifier le processus physiologique soumis à une régulation endocrinienne (Fujioka et al., 2004, Romero et al., 2008), c'est la raison pour laquelle ce travail a été entrepris.

Dans la première partie de notre travail nous avons déterminé l'effet du lait de soja sur le poids corporel des souris. Aucune modification significative de ce paramètre n'a été observée chez les souris ayant ingéré du lait de soja comparées aux souris témoins.

Nos résultats concordent avec les travaux de Mcclain et al., (2007) qui ont montré que l'administration chronique et subchronique de la génistéine chez le rat Wistar pendant 4 et 13 semaines n'induisait aucune modification significative du poids corporel.

En revanche, chez les lapins et les rats traités aux isoflavones, une diminution significative est rapportée dans l'étude menée par Lephart et al., (2001) et Nagao et al., (2001). Cet effet résulte probablement d'un effet anorexigène des isoflavones de soja. L'association avec la prise alimentaire observée chez le lapin dans la même étude a également été rapporté chez les rats nourris avec des aliments contenant la génistéine (Casanova et al., 1999), suggérant un effet possible anorexigène du perturbateur endocrinien (PE) sur le système nerveux central, similaire à celle des œstrogènes endogènes (Bonavera et al., 1994). Cependant cet effet semble être associé à un traitement chronique avec de grandes quantités des isoflavones de soja. Les expositions pré-et postnatales aux isoflavones dans l'étude de Piotrowska et al., (2011) ont monté une diminution du même paramètre.

La deuxième partie de notre travail a été consacrée au test de fertilité. Les résultats de notre expérimentation montrent que les femelles témoins accouplées avec les mâles ayant ingéré du lait de soja présentent un taux de gestation (index de fertilité) significativement réduit par rapport aux femelles accouplées avec des mâles témoins.

La descendance des souris mâles ayant ingéré du lait de soja a vu leur poids et leur taille diminuer dès la naissance (J7) puis à J14 et jusqu'au sevrage (J28).

Ces résultats sont également en accord avec ceux de McClain et al., (2007) qui ont montré que l'administration de la génistéine dosée à 500 mg/ kg/ jour entraîne une réduction marquée du taux de gestation ainsi qu'une réduction significative de la taille et du poids des petits.

Egalement une autre étude faite par Eustache et al., (2003) a montré que l'exposition de la génistéine et la vinclozoline, de la gestation à l'âge adulte chez les rats Wistar mâles, provoque un taux réduit de femelles gestantes qui se sont accouplées avec les mâles exposées.

Les travaux d'Jian et al., (2007) ont montré que l'injection de la zearalenone ou α-zearalenol conduisait à une réduction de la fertilité et donc du potentiel reproducteur chez les souris mâles adultes. Le taux de gestation est sensiblement réduit chez les souris femelles accouplées avec les mâles traités à la zearalenone et α-zearalenol. Également, une diminution du nombre de naissance est probablement due à la mauvaise qualité du sperme des mâles exposés à la zearalenone et α-zearalenol.

De même, l'étude faite par Weber et al., (2001) ; Wisniewski et al., (2003) ; Opalka et al., (2006) a montré que l'exposition des oiseaux et des mammifères aux phyto-estrogènes, des analogues des œstrogènes, (la génistéine) induit une réduction de la fertilité chez ces animaux.

Dans la 3 $^{éme}$ partie de notre travail, nous avons évalué le poids relatifs des organes sexuels des souris Swiss. Nous n'avons obtenu aucune modification significative des poids relatifs des testicules, des épididymes et des vésicules séminales des groupes ayant ingéré du lait de soja comparés au groupe témoin.

Ces résultats concordent avec ceux de Ohno et al., (2003); Lee et al., (2004) qui ont démontré que le poids relatif des organes sexuels des rats ne change pas.

Une autre étude faite par Cardoso et Bào, (2007) montre également qu'il n'ya aucune modification du poids des testicules chez les lapins.

Par ailleurs, d'après Vendula, (2004), l'exposition à la génistéine et au diethylstilbestrol, induit une réduction significative des poids relatifs des testicules, des épididymes et des vésicules séminales.

Les travaux entrepris par Piotrowska et al., (2011) ont montré que l' expositions pré-et postnatales aux isoflavones chez les rats induit une augmentation du poids des testicules par rapport au groupe contrôle. Cependant, aucune modification n'a été observée dans les épididymes.

Ces résultats concordent avec les résultats de Guan et al., (2008), et de Jiang et al., (2008) . Cependant une augmentation de poids des testicules a été observée dans l'exposition périnatale du visons à la génistéine (Ryokkynen et al., 2005) et en pré-et postnatale des souris traitées avec la génistéine (Wisniewski et al., 2005).

En revanche, certains chercheurs ont rapporté que l'administration d'œstrogènes exogènes ou anti androgènes diminue le poids des testicules et de l'épididyme (Pryor et al., 2000) ; (Atanassova et al., 2005); (Sugawara et al., 2006).

La méthode de routine pour évaluer la fertilité potentielle d'un mâle est la réalisation d'un spermogramme au cours duquel des paramètres séminaux quantitatifs (nombre des spermatozoïdes) et qualitatif (la mobilité et les anomalies morphologiques des spermatozoïdes (formes anormales) sont analysés. La diminution de la mobilité et du nombre des spermatozoïdes au niveau testiculaire et épididymaires que nous avons observé chez les souris ayant ingéré du lait de soja est probablement dû à l'effet des phyto-estrogènes de soja sur les différents niveaux de commande de la spermatogenèse.

Nos résultats révèlent une diminution importante et très significative du pourcentage de la mobilité des spermatozoïdes épididymaires chez les souris des groupes ayant ingéré du lait de soja par rapport aux témoins.

Dans l'étude de Jian et al., (2007), les pourcentages de la mobilité des spermatozoïdes de tous les animaux exposés à la zéaralénone et ses dérivés-zearalenol, à toutes les doses, ont été nettement inférieurs à ceux des contrôles. Ces résultats concordent avec ceux de Eustache et al., (2003) qui ont montré que l'exposition de la génistéine et à la vinclozoline à faible dose de la gestation à l'âge adulte chez les rats Wistar mâle induit une diminution de la mobilité des spermatozoïdes .

Par contre, Yousef et al., (2003), ont démontré que chez le lapin, la génistéine provoquait l'augmentation de la mobilité des spermatozoïdes.

Nos résultats montrent également une diminution importante et très significative du nombre des spermatozoïdes testiculaires et épididymaires qui est observée chez les souris des groupes ayant ingéré du soja.

Dans ce contexte, les travaux entrepris par Dalu et al., (2002), n'ont cité aucune modification chez les rats ingérant par voie orale de la génistéine confirmant les résultats de Nagao et al., (2001) et de Shibayama et al., (2001).

Cependant, Piotrowska et al., (2011) ont montré qu'il n'y avait aucun changement significatif dans le nombre de spermatozoïdes dans l'épididyme chez les rats exposés aux isoflavones. Un effet similaire obtenu à l'exposition à long terme de génistéine chez les visons Ryokkynen et al., (2005), chez le rat après exposition périnatale (Wisniewski et al., 2003), et chez les souris avec différentes dosesde génistéine (Wisniewski et al., 2005).
Nos résultats ont aussi révélé, que le pourcentage de la tératozoospermie (anomalie morphologique des spermatozoïdes) est plus important chez les souris ayant ingéré du lait de soja.

Ces résultats concordent avec ceux de Jian et al., (2007), qui montrent que le pourcentage des spermatozoïdes anormaux a augmenté chez les souris mâles exposés la zéaralénone et ses dérivés-zearalenol.

Par ailleurs, aucune différence significative de pourcentage des formes anormales des spermatozoïdes n'a été observée chez les rats exposés à la génistéine pendant 4 semaines Bhandari et al., (2003).

Nos résultats ont aussi révélé une baisse importante du taux de la testostérone sérique chez les souris ayant ingéré du lait de soja lors de l'exposition pendant la période de l'allaitement par rapport aux contrôles.

Nos résultats concordent, avec ceux rapportés par la littérature (Roberts et al., 2000 ; Delclos et al., 2001 et Wisniewski et al., 2003 ), qui ont démonté que des doses élevées de la génistéine chez les rats mâles réduisent les niveaux de testostérone .

En outre, l'étude réalisée par (Svechnikov et al., 2005), a montré que la génistéine administrée chez les rats mâles adultes pendant 3 mois, ainsi que l'étude de Taxvig et al., (2010) faite in vitro ont observé une diminution de la production de testostérone après l'exposition aux isoflavones.

En revanche, l'exposition de la génistéine à long terme chez les rats adultes n'a pas modifié le niveau de testostérone sérique, (Svechnikov et al., 2005). La même observation à été faite dans les études de (Kang et al., 2002; Fielden et al., 2003 ; Masutomi et al., 2003 et Wisniewski et al., 2005).

Dans une autre étude, aucune différence significative de la concentration sérique de la testostérone n'a été observée chez les rats exposés à la génistéine (Piotrowska et al., 2011).

La dernière partie de notre travail nous a permis d'évaluer l'impact du lait de soja sur l'aspect histopathologique des testicules et des vésicules séminales.

L'examen microscopique des coupes histologiques réalisées au niveau des testicules des souris ayant ingéré du lait de soja, a montré une diminution du nombre des spermatozoïdes dans la lumière des tubes séminifères.

Nos résultats montrent également des altérations et des modifications dans les différents stades de la spermatogenèse, diminution de l'épaisseur de l'épithélium germinal, présence des spermatides non différenciés qui remplissent les lumières des tubes séminifères, l'atrophie du tissu conjonctif et l'hyperplasie des cellules de Leydig.

Dans le même contexte, l'exposition chronique au lait de soja peut provoquer des effets délétères sur la structure des vésicules séminales.

Nos résultats ont montré que le lait de soja induit des altérations à différent degrés chez les souris ayant ingéré du lait de soja (dystrophie de l'épithélium glandulaire, hyperplasie glandulaire localisée, réduction de la taille des cellules glandulaires, accumulation du produit de sécrétion et atrophie du tissu conjonctif).

Une étude menée par Piotrowska et al., en 2011, chez les rats exposés aux isoflavones pendant la période prénatale et postnatale jusqu'à la maturité sexuelle à montré des changements au niveau de l'épithélium séminifère des testicules ainsi que la présence des spermatozoïdes non différenciés dans la lumière des tubes séminifères .

Selon certains chercheurs, des anomalies morphologiques dans les testicules sont induites par les produits ayant des propriétés œstrogéniques et administrés dans la vie néonatale (Atanassova et al., 2005). Dans l'épithélium séminifère des souris exposées pré-et néonatale au diéthylstilbestrol, il a été observé une hypoplasie des cellules de Leydig (Warita et al., 2006).

En revanche, l'étude de Cardodo et Bào en (2007),  a montré que l'exposition chronique de la farine de soja chez les lapins mâles n'induit aucun changement histopathologique des organes génitaux masculine (testicules, vésicules séminales, épididymes…)

De même, aucun signe histopathologique n'a été observé dans l'étude de McClain et al., (2007).

Les données de notre expérimentation animale démontrent que le lait de soja administrée aux groupe  1 ,2 et 3 entraîne une élévation de taux d'albumine chez tous les groupes expérimentaux comparés aux témoins. Cette hyperalbunemie peut être un signe biologique de déshydratation ou d'altération du métabolisme.

Le cholestérol est à la fois apporté par l'alimentation et synthétisé par le corps humain, principalement dans les cellules hépatiques et intestinales.

Le cholestérol est un constituant fondamental de la membrane cellulaire, un précurseur métabolique des acides biliaires, de vitamines et des hormones stéroïdiennes. Le dosage du cholestérol total permet de dépister une hypocholestérolémie ou l'inverse (Rifai et al.; 2003).

L'analyse du cholestérol sérique montre l'existence d'un profil d'hypocholestérolémie chez les souris traitées au lait de soja.

Les professionnels de la santé conseillent aux personnes souffrant d'hypercholestérolémie de remplacer (au moins partiellement) les protéines animales par des protéines végétales comme celles de soja. En 1999 et en 2002, les autorités médicales américaines et britanniques ont officiellement reconnu l'effet bénéfique du soja sur le cholestérol sanguin. Il a également été prouvé que la consommation de protéines de soja diminue les risques cardio-vasculaires. Le lait de soja compte autant de protides (4 %) que le lait de vache, et le tofu quasiment autant (14 %) qu'un filet de bœuf. Et tout cela, sans les inconvénients de la graisse saturée et du cholestérol ! Ces "laitages" végétaux à base de soja sont donc de grands fournisseurs de protéines sans "mauvaises graisses" associées. (*Food and Drug Administration*) (*USA 1999*) *ET Joint Healt Claim Initiative (GB 2002)*

L'urée est le terme ultime et principal du catabolisme protéique chez l'homme. Il se forme dans le foie et il diffuse librement à travers les membranes cellulaires. Son élimination se fait par le rein par filtration glomérulaire et sa réabsorption tubulaire partielle est passive. Le dosage de l'urée sanguin permet, avec celui de la créatinine et l'acide urique, de détecter l'insuffisance rénale (Metais et al.; 1990).

De même, la créatinine plasmatique est le reflet de la masse musculaire globale de l'individu et son métabolisme propre dont toute variation renseigne directement sur l'état fonctionnel du rein, de plus la créatinine mesure directement la filtration glomérulaire (Siest et al.; 1990).

Nos résultats indiquent une augmentation significative des taux de l'urée, de la créatinine et de l'acide urique chez les groupes expérimentaux traité au lait de soja vs le groupe témoin. En effet, cette hyperurémie sanguine associée à une hypercréatinémie et à un taux élevé de l'acide urique témoignent et reflètent probablement une insuffisance rénale (De la Farge, 1993).

La diminution des transaminases chez le groupe traité au lait de soja ne signalent aucun problème.

**Conclusion**

Les perturbateurs endocriniens présents dans l'environnement sont de plus en plus mis en cause pour expliquer les modifications de la fonction de reproduction mâle, y compris chez l'homme. Cependant, leurs mécanismes d'action sur la fonction de reproduction sont peu connus et le lieu de causalité chez homme n'est pas démontré. Parmi les études expérimentales rapportées, les conditions d'exposition sont le plus souvent très éloignées de la situation environnementale (doses élevées, courte période d'exposition ... )

Dans le présent travail, nous nous sommes intéressés à étudier l'effet de la consommation du lait de soja qui est commercialisé en Algérie sur l'appareil reproducteur mâle chez la souris Swiss utilisée comme modèle expérimental.

Le lait de soja est un produit diététique sans lactose, sans saccharose, sans gluten et sans protéines du lait de vache. Il est enrichi en méthionine, en carnitine, en fer et en zinc. Ce lait industriel à base de protéines de soja constitue la principale source de phyto-estrogènes chez l'homme. Ces composés chimiques naturels sont susceptibles d'avoir une toxicité sur la fonction de reproduction, car ils sont capables de stimuler, favoriser ou inhiber l'action des hormones d'où ils peuvent en théorie modifier le processus physiologique soumis à une régulation endocrinienne.

Ce travail a permis d'évaluer de façon expérimentale quelques effets toxiques

de la consommation subchronique du lait de soja chez les souris Swiss mâles. L'étude a porté sur la croissance pondérale, sur le poids relatif des organes sexuelles (testicules, épididymes et vésicules séminales), la mobilité, le comptage et la morphologie des spermatozoïdes et à faire un test de fertilité (poids et taille des petits à J7, J14 et J28) et enfin; on a procédé à un dosage hormonal de la testostérone sérique ainsi qu'une étude histologique des testicules et vésicules séminales.

Nos résultats ont montré que le poids corporel ne subit aucune modification significative chez l'ensemble des groupes expérimentaux ayant ingéré du lait de soja. De même, aucun changement du poids relatif des organes sexuels mâles n'a été observé.

Par ailleurs, nous avons observé une diminution de la mobilité des spermatozoïdes ainsi que leur nombre aux niveaux testiculaire et épididymaire, de même une augmentation du pourcentage des formes anormales des spermatozoïdes chez les groupes ayant ingéré du lait de soja a été observée.

De même, l'effet du lait de soja sur la descendance s'est manifesté par une diminution du poids et de la taille des portées ainsi qu'un taux de gestation (index de fertilité) réduit chez les femelles qui se sont accouplées avec des mâles ayant ingéré du lait de soja.

D'autre part, le taux sérique de la testostérone a diminué chez le groupe ayant ingéré du lait de soja pendant la période d'allaitement.

L'examen histopathologique des souris ayant ingéré du lait de soja induit des altérations au niveau des testicules et des vésicules séminales

Par ailleurs, les différences morphologiques sont plus marquées chez les animaux ayant ingéré du lait de soja comparés aux témoins.

L'analyse histologique de l'architecture tissulaire révèle une action toxique due à la consommation du lait de soja sur ces organes.

Le lait de soja, de part ses constituants (phytoestrogènes, perturbateurs du système endocrinien), à des effets délétères sur la mise en place du potentiel reproducteur masculin chez la souris Swiss.

Ces composés chimiques naturels sont susceptibles d'avoir une toxicité sur les paramètres biochimiques sérique de stimuler, favoriser on inhiber l'action des organes (le foie et les reins) d'où ils peuvent en théorie modifier le processus physiologique soumis à une régulation endocrinienne.

Nos résultats ont montré que le poids corporel subit des modifications significatives chez l'ensemble des groupes expérimentaux ayant ingéré du lait de soja.

Par ailleurs, les résultats apportés dans cette présente étude montrent que les souris traitées au lait de soja présentent une hyperalbunemie, une hypocholestérolémie, une hyperurémie associée à une hypercréatinimie et un taux élevé en acide urique, ainsi qu'un taux diminué des transaminases, suggérant une atteinte de la fonction rénale.

En raison de ces nombreux doutes, la consommation chez les bébés de lait de soja est déconseillée par la Société Française de Pédiatrie depuis l'année 2001, et par l'Académie des Sciences américaine.

C'est pourquoi, en France, les autorités sanitaires recommandent de ne pas en donner aux enfants de moins de 3 ans.

Il existe cependant des laits maternisés hypoallergéniques sur le marché afin de remplacer l'utilisation du lait de soja chez les jeunes enfants.

Enfin, le lait maternel reste le meilleur lait pour prévenir l'apparition de manifestation allergique chez un nourrisson allergique aux protéines du lait de vache.

Ce que nous pourrons tirer comme conclusion générale de cette étude c'est que l'administration du lait de soja en substitution au lait de vache chez les enfants allergiques au lait bovin n'est pas sans risque. De ce fait, le lait maternel reste le meilleur aliment pour prévenir l'apparition de manifestations allergiques chez un nourrisson allergique.

# Références bibliographiques

- **Abel MH, Baban D, Lee S, Charlton HM, O'Shaughnessy PJ.** Effects of FSH on testicular mRNA transcript levels in the hypogonadal mouse. J Mol Endocrinol 2009, 42(4):291-303.

- **Adrian J, Potus J, Frangne R.** Evaluation toxicologique et nutritionnelle des alginates. Sci Aliments, 1995 ; 6 : 473-544.

- **AFSSA.** Agence française de sécurité sanitaire des aliments. Sécurité et bénifices des phyto-estrogenes apportés par l'alimentation, 2005.

- **AFSSA.** Agence française de sécurité sanitaire des aliments. Sécurité et bénéfices des phytoestrogènes apportés par l'alimentation- recommandations, 2006.

- **Allain P.** Etude chez l'animal ou étude préclinique. In les médicaments 3$^{ième}$ édition. Pharmacorama. 2005.

- **Anderson RA, Sharpe RM.**Regulation of inhibin production in the human male and its clinical applications. International Journal of Andrology 23; 2000 : 136-144.

- **Atanassova NN, McKinnel C, Fisher J, Sharpe RM.** Neonatal treatment of rats with diethylstilbestrol (DES) induces stromal–epithelial abnormalities of the vas deferens and cauda epididymis in adulthood following delayed basal cell development. Reproduction 2005;129:589–601.

- **Atanassova NN, Walker M, McKinnell C, Fisher JS, Sharpe RM.** Evidence that androgens and oestrogens, as well as follicle-stimulating hormone, can alter Sertoli cell number in the neonatal rat. J Endocrinol, 2005;184:107–17.

- **Auger J, Eustache F.** Standardisation de la classification morphologique des spermatozoïdes humains selon la méthode de David modifiée. Andrologie; 2000, 10 : 358-373.

- **Auger J.**service d'histologie-Embryologie ,Biologie de la Reproduction /CECOS,Pavillon Cassini , Hôpital Cochin .Programme National De Recherche Sur Les Perturbateurs Endocriniens –Workshop-PNRPE ; 2008, P 7 .

- **Bellve AR, Cavicchia JC, Millette CF, O'Brien DA, Bhatnagar YM, and Dym M.** Spermatogenic cells of the prepuberal mouse. Isolation and morphological characterization. J Cell Biol; 1977, 74, 68-85.

- **Bocquet A, Bresson JL, Briend A, Chouraqui JP.** Comité de nutrition de la société française de pédiatrie. Infant formulas and soy protein-based formulas: current data. Arch Pediatr, 2001 ; 8 : 1226–33.

- **Bonavera JJ, Dube MG, Kalra, PS, Kalra, SP.** Anorectic effects of estrogen may be mediated by decreased neuropeptide-Y release in the hypothalamic paraventricular nucleus. Endocrinology 134 (6), 1994:2367–2372.

- **Brennan J, Tilmann C, Capel B**: Pdgfr-alpha mediates testis cord organization and fetal Leydig cell development in the XY gonad. *Genes Dev* 2003, 17(6):800-810.

- **Bridges NA, Hindmarsh PC, Pringle PJ, Matthews DR, Brook CG.** the relationship between endogenous testosterone and gonadotrophin secretion. (edition oxford) Clin Endocrinol, 1993 ;38:373– 378.

- **Bringer J et Lefebvre P.** Les phytoestrogènes. Cahiers de nutrition et de diététique, 2002 ;  vol 37, n° 3 : 166-170.

- **Brown PR, Miki K, Harper DB, Eddy EM**. A-kinase anchoring protein 4 binding proteins in the fibrous sheath of the sperm flagellum. *Biol Reprod* 2003, 68(6):2241-2248.

- **Cardoso JR, Bào SN**. Effects of chronic exposure to soy meal containing diet or soy derived isoflavones supplement on semen production and reproductive system of male rabbits. Animal Reproduction Science 97, 2007 : 237–245

- **Casanova M, You L, Gaido KW, Archibeque-Engle S, Janszen DB, Heck HA.**Developmental effects of dietary phytoestrogens in Sprague–Dawley rats and interactions of genistein and daidzein with rat estrogen receptors alpha and beta in vitro. Toxicol. Sci, 1999; 51 (2), 236–244.

- **Chang HS, Anway MD, Rekow SS and Skinner MK.** Transgenerational epigenetic imprinting of the male germline by endocrine disruptor exposure during gonadal sex determination. Endocrinology, 2006 ;147, (12): 5524-5541.

- **Chatenet C**. Les phytoestrogènes dans les laits infantiles à base de soja (Gycine max.).Edition S.N, 2007 : 238p.

- **Chatenet C**. Les phytoestrogènes. Actualités pharmaceutiques 473 ; 2008 : 11-12 .

- **Chavéron H.** La toxicologie nutritionnelle édition TEC et DOC Londres New York, Paris ,1999 ; 214p.

- **Christiansen P, Andersson AM, Skakkebaek NE, Juul A**. Serum inhibin B, FSH, LH and testosterone levels before and after human chorionic gonadotropin stimulation in prepubertal boys with cryptorchidism. European Journal Endoc 147; 2002 : 95-101

- **Chughtai B, Sawas A, O'Malley RL, Naik RR, Ali Khan S, Pentyala S**. A neglected gland: a review of Cowper's gland. Int J Androl; 2005, 28(2):74-77.

- **Clermont Y, Oko R, Hermo L.** Immunocytochemical localization of proteins utilized in the formation of outer dense fibers and fibrous sheath in rat spermatids: an electron microscope study. Anat Rec 1990, 227(4):447-457.

- **Clermont Y, Perey B.** Quantitative study of the cell population of the seminiferous tubules in immature rats. Am J Anat 1957, 100(2):241-267.

- **Clermont Y.** Kinetics of spermatogenesis in mammals: seminiferous epithelium cycle and spermatogonial renewal. Physiol Rev 52;1972, 198-236.

- **Clermont, Y.** The cycle of the seminiferous epithelium in man. Am J Anat ;1963 ,112, 35-51.

- **Committee on toxicity**. Committee on toxicity of chemicals in food,consumer products and the environment .London Phyto-estrogens and hearlth. Food Standard Agency, 2003.

- **Comité de Nutrition de la Société Française de Pédiatrie**. Préparations pour nourrissons et préparations de suite : pour une commercialisation et une communication basées sur les preuves. Arch Pédiatr, 2006; 14: 319-321.

- **Chambolle M.** Estimation des consommations d'additifs et auxiliaires et fabrication dans les industries agroalimentaires : Multon. J-L. Edition TEC et DOC Londres-Paris-New York, 2ème édition; 2002 ; 2 :106-109.

- **Chatenet C.** Les phytoestrogènes dans les laits infantiles à base de soja (Gycine max..).Edition S.N, 2007 : 238p.

- **Chatenet C**. Les phytoestrogènes. Actualités pharmaceutiques 473 ; 2008 : 11-12 .

- **Chavéron H**. La toxicologie nutritionnelle édition TEC et DOC Londres New York, Paris ,1999 ; 214p.

- **De Lafarge F**. Exploration fonctionnelle rénale. In biochimie clinique .Ed Médicale international-Technique et documentation – Lavoisier, France ; 1993 ; 358-371.

- **Directive technique**. Réglementation publiée le 21/11/2005 UE ;2005.

- **De Lafarge F**. Exploration fonctionnelle rénale. In biochimie clinique .Ed Médicale international-Technique et documentation – Lavoisier, France ; 1993 ; 358-371.

- **Dadoune JP, Démolin A**. Structure et fonction du testicule. In "La reproduction chez les mammifères et l'homme",1991 ; 221-250.

- **Dalu A, Blaydes BS, Bryant CW, Latendresse JR, Weis CC, Delclos BK**. Estrogen receptor expression in the prostate of rats treated with dietary geinstein. Journal of Chromatography B 777; 2002:249–260.

- **David G, Bisson JP, Czyglik F**. Anomalies morphologiques du spermatozoïdes humain. Propositions pour un système de classification. Journal de de gynocologie, obstétrique et biologie de la reproduction 4; 1975 : 17-36.

- **Davis RO, Gravance CG, Overstreet JW**. A standardized test for visual analysis of human sperm morphology. Fertility and sterility, 1995; 63: 1058-1063.

- **Davis RO, Katz D.** Operational standards for CASA instruments. Journal of Andrology;1993 , 14: 385-394.

- **de Rooij DG, Russell LD.** All you wanted to know about spermatogonia but were afraid to ask. J Androl 2000, 21(6):776-798.

- **de Rooij DG.** Proliferation and differentiation of spermatogonial stem cells. Reproduction; 2001,121, 347-54.

- **Delclos KB, Bucci TJ, Lomax LG, Latendresse JR, Warbritton A, Weis CC, Newbold RR..** Effects of dietary genistein exposure during development on male and female CD (Sprague Dawley) rats. Reproductive Toxicology 15, 2001: 647– 663.

- **Dohle GR, Smit M, Weber RF.** Androgens and male fertility. World J Urol 2003, 21(5):341-345.

- **Dunn JF, Nisula BC, Rodbard D.** Transport of steroid hormones: binding of 21 endrogenous steroids to both testosterone-binging globulin and corticosteroid-binding globulin in human plasma. Journal of clinical endocrinology and metabolism 53; 1981: 58-68.

- **Dym, M.** Spermatogonial stem cells of the testis. Proc Natl Acad Sci U S A; 1994, 91,11287-9.

- Ebo D.G.,Stevens W.J.(2002).IgE-mediated food allergy :extensive review of the literature.Acta Clin Belg;56:234-47.

- **FDA.** Good laboratory practrice regulations,1987

- **FDA.** Good laboratory practrice regulations USA, 1999

- **Feldman C**. Bilan de la fonction hépatique. Ed Med. Paris; 2001 ;35:225-241.

- **FSA.** Food Standard Agency. Committee on toxicology of chemical in food, consumer products and the environment. London Phytoestrogens and health. 2003 .

- **El feki A, Ghorbel F, Smaoui M, Makni-ayadif, Kammoun A**. Effets du plomb d'origine automobile sur la croissance générale et l'activité sexuelle du rat. Gynécol. Obstet. Fertil. Paris, 28: 2000: 51-9.

- **El feki A., Hjaiej L., Kammoun A**. Incidence de la pollution atmosphérique (gaz d'échappement) sur l'activité sexuelle du rat. 9es Journées Biologiques de la SSNT, Tunis ; 1998: 48.

- **Eustache F ,Lesaffre C , Cannivenc MC , Jouannet P,Cravedi JP,Auger J** . Effets d'une exposition à la Vinclozoline et à la Génistéine de la gestation à l'âge adulte sur la fonction de reproduction du rat Wistar mâle.Environnement et Spermatogenése. Andrologie; 2003,13, N° 2 :170-178 .

- **Fan A, Howd R, Davis B.** Risk assessment of environmental chemicals. Annu Rev Pharmacol Toxicol, 1995 ; 35: 341-368.

- **Farag A, El-Aswad A, Shaaban N.** Assessment of reproductive toxicity of orally administered technical dimethoate in male mice. Reprod. Toxicol; 2007, 23: 232-238.

- **Fielden M.R, Samy S.M, Chou K.C, Zacharewski T.R.** Effect of human dietary exposure levels of génistéine during gestation and lactation on long-term reproductive development and sperm quality in mice. Food. Chem. Toxicol, 2003; 41 (4), 447–454.

- **FSA. Food Standard Agency.** Committee on toxicologyof chemical in food, consumer products and the environment. London Phytoestrogens and health. 2003 .

- **Fujioka M, Uehara M, Wu J, Adlercreutz H, Susuki K, Kanazawa K, Takeda K, Yamada K, Ishimi Y.** Equol, a metabolite of daidzein, inhibits bone loss in ovariectomized mice. *J Nutr*, 134, 2004:2623-2627.

- Imhof M, Molzer S, Imhof M.Effects of soy isoflavones on 17b-estradiol-induced proliferation of MCF-7 breast cancer cells. Toxicology in Vitro 22; 2008:1452-1460.

- **Gendt K, Swinnen JV, Saunders PT, Schoonjans L, Dewerchin M, Devos A, Tan K, Atanassova N, Claessens F, Lecureuil C et al.** A Sertoli cell-selective knockout of the androgen receptor causes spermatogenic arrest in meiosis. Proc Natl Acad Sci U S A 2004, 101(5):1327-1332.

- **Gerber M, Berta-Vanrullen I.** Soja et phytoestrogène. Edition Sécurité et Bénéfices des phytoestrogènes apportées par l'alimentation, 2006 : 534-536.

- **Guan L, Huang Y, Chen ZY.** Developmental and reproductive toxicity of soybean isoflavones to immature SD rats. Biomed Environ Sci , 2008; 21:197–204.

- **Henderson A.R, Moss D.W.** Enzymes, Fundamen-tals of Clinical Chemistry, 5 $^{eme}$ Ed., Burtis, C.A. & Ashwood, E.R. Saunders W.B eds. Philadelphia USA,2001; 352-359.

- **Hammoud GL, Koivisto M, Kouvalainen K , Vihko R.** Serum steroids and pituitary hormones in infants with particular reference to testicular activity. Journal Clin Endocrinol Metab 49; 1997: 40-45.

- **Hancock AD, Robertson DM, de Kretser DM.** Inhibin and inhibin alpha-chain precursors are produced by immature rat Sertoli cells in culture. Biology Reproduction 46; 1992: 155-161.

- **Ho SC, Woo JL, Leung SS, Sham AL, Lam TH, Janus ED.** Intake of soy products is associated with better plasma lipid profiles in the Hong Kong Chinese population. Journal of Nutrition, 2000; 130 (10): 2590-2593.

- **Hossain A, Saunders GF.** The humain sex-determining gene SRY is a direct target of WT1. J Bio Chem , 2001 ; 276: 16817-16823.

- **Hôte David** . Exploitation d'un modèle de souris interspécifiques, recombinantes et congéniques pour la cartographie de QTL de la fertilité mâle et pour l'étude de la régulation génique testiculaire dans le contexte d'un génome mosaïque, 2009.

- **Hould R.** Technique d'histopatologie et de cytologie. Montréal : Décarie ; 1984, 47 : 156.

- **Imhof M, Molzer S, Imhof M.**Effects of soy isoflavones on 17b-estradiol-induced proliferation of MCF-7 breast cancer cells. Toxicology in Vitro 22; 2008:1452–1460.

- **Jeays-Ward K, Hoyle C, Brennan J, Dandonneau M, Alldus G, Capel B, Swain A.** Endothelial and steroidogenic cell migration are regulated by WNT4 in the developing mammalian gonad. Development 2003, 130(16):3663-3670.

- **Jégou B.** La cellule de Sertoli : actualisation du concept de cellule nourricière.médecine/ sciences 11 ; 1995, 519-27.

- **Jégou B**. Les hommes deviennent-ils moins fertiles ? Moins de spermatozoïdes et de qualité moindre ? L'environnement en question. La Recherche, 288,1996 : 60-65.

- **Jian Ying Yang, Guo Xin Wang, Jia Li Liu, Jing Jing Fan, Sheng Cui** . Toxic effects of zearalenone and its derivatives - zearalenolon male reproductive system in mice Reproductive Toxicology 24, 2007, 381–387.

- **Jiang CX, Pan LJ, Feng Y, Xia XY, Huang YF**. High-dose daidzein affects growth and development of reproductive organs in male rats. Zhonghua Nan Ke Xue 2008;14:351–5.

- **Kang KS, Che JH, Lee YS.** Lack of adverse effects in the F1offspring maternally exposed to genistein at human intake dose level.Food and Chemical Toxicology 40, 2002:43–51.

- **Katz D, Overstreet J, Samuels S.** Morphometric analysis of spermatozoa in the assessment of human male fertility. Journal of Andrology ; 1986, 7:203-210.

- **Kawano N, Yoshida M**. Semen-coagulating protein, SVS2, in mouse seminal plasma controls sperm fertility. Biol Reprod; 2007, 76(3):353-361.

- **Kluin PM, de Rooij DG**. A comparison between the morphology and cell kinetics of gonocytes and adult type undifferentiated spermatogonia in the mouse. Int J Androl 1981, 4(4):475-493.

- **Kolonel LN, Hankin JH, Whittemoore AS, Wu AH, Gallagher RP, Wilkens LR, John EM, Howe GR, Dreon DM, West DW, Paffenbarger RS.** Vegetables, fruits, legumes and prostate cancer: A multiethnic case-control study. Cancer Epiemiol., Biomarkers and Prev, 2000 ; 9: 795-804.

- **Kuiper GG, Lemmen JG, Carlsson B, Corton JC, Safe SH, vander Saag PT, vander Burg B and Gustafsson JA.** Interaction of estrogenic chemicals and phytoestrogens with estrogen receptor beta. Endocrinology,1998 ; 139 (10): 4252-4263.

- **Lecerf JM .** Données. Cahiers de Nutrition et de Diététique, 2007 ; Volume 42, Issue 4 : 207-217.

- **Lee BJ, Kang JK, Jung EY, Yun YW, Baek IJ , Yon  JM, Lee YB, Sohn HS , Lee JY, Kim KS, Nam SY**. Exposure to genistein does not adversely affect the reproductive system in adult male mice adapted to a soy-based commercial diet. J. Vet. Sci, 2004, 5 (3), 227–234.

- **Lee HP.** Dietary effects on breast cancer risk in Singapore, 1991; Lancet 331: 1197-1200.

- **Lephart ED, Adlercreutz H, Lund TD.** Dietary soy phytoestrogen effects on brain structure and aromatase inLong–Evans rats. Neuroreport 12 (16); 2001, 3451–3455.

- **Ling WH, Jones P J.** Dietary phytosterols: a review of metabolism, benefits and side effects. Life Sci, 1995; 57 (3):195-206.

- **Lointier P.** Quelle pourrait être l'incidence des phytoestrogènes sur le risque du cancer de l'intestin (colon) ? Anticancer Res, 1992; 12:1327-1330.

- **Lu FC.** Toxicologie: données générales, procédures d'évaluation. Organes cibles, évaluation du risque. Paris, Masson, 1992; 191-353.

- **Lundwall A, Peter A, Lovgren J, Lilja H, Malm J.** Chemical characterization of the predominant proteins secreted by mouse seminal vesicles. Eur J Biochem; 1997, 249(1):39-44.

- **Luo CW, Lin HJ, Chen YH.** A novel heat-labile phospholipid-binding protein, SVS VII, in mouse seminal vesicle as a sperm motility enhancer. J Biol Chem; 2001, 276(10):6913-6921.

- **Metais P et al** .Biochimie clinique,tomel,2eme edition .Paris .Simep ; 364 ;1990.

- **Meyers D.G.,Maloney P.A.,Weeks D.** Safety of antioxidant vitamins.Arch intern Med; 1996;156:925-935.

- **McEwen BS**.Clical review108:The molecular and neuroanatomical basis for estrogen effects in the central nervous system.J Clin Endocrinol Metab,1999;84(6):1790-1797.

- **Maekawa M, Kamimura K, Nagano T.** Peritubular myoid cells in the testis: their structure and function. Arch Histol Cytol, 1996; 59, 1-13.

- **Mahmoud AM, Comhaire FH, Depuydt CE.** The clinical and biologic significance of serum inhibins in subfertile men. Reproductive Toxicology 12; 1998: 591-599.

- **Marengo SR**. Maturing the sperm: unique mechanisms for modifying integralproteins in the sperm plasma membrane. Anim Reprod Sci; 2008, 105(1-2):52-63.

- **Marshall FHA.** Marshall's physiology of reproduction (4ème edition). Lamming G.E; 1990, Volume 2: 996.

- **Masutomi N, Shibutani M, Takagi H, Uneyama C, Takahashi N,Hirose M.** Impact of dietary exposure to methoxychlor, genistein or diisononyl phthalate during the perinatal period on the development of the rat endocrine/reproductive systems in later life.Toxicology 192, 2003: 149–170.

- **McClain RM, Wolz E, Davidovich A, Edwards J, Bausch J.** Reproductive safety studies with genistein in rats. Food Chem Toxicol, 45, 2007:1319-1332.

- **McEwen BS.** Clinical review 108: The molecular and neuroanatomical basis for estrogen effects in the central nervous system. J Clin Endocrinol Metab,1999 ; 84 (6): 1790-1797.

- **Murer V, Spetz JF, Hengst U, Altrogge LM, de Agostini A, Monard D.** Male fertility defects in mice lacking the serine protease inhibitor protease nexin-1. Proc Natl Acad Sci U S A ; 2001, 98(6):3029-3033.

- **Murphy PA, Song TT, Buseman G, Barua K, Beecher GR, Trainer D, Holden J.** Isoflavones in retail and institutional soy foods. Journal of Agric. Food.Chem, 1999; 4: 2697-2704.

- **Nagano R, Tabata S, Nakanishi Y, Ohsako S, Kurohmaru M, and Hayashi Y.** Reproliferation and relocation of mouse male germ cells (gonocytes) during prespermatogenesis. Anat Rec; 2000, 258, 210-220.

- **Nagao T, Yoshimura S , Saito Y, Nakagomi M , Usumi K, Ono H.** Reproductive effects in male and female rats of neonatal exposure to genistein. Reprod. Toxicol. 15 (4), 2001; 399–411.

- **Nakatsuji N, Chuma S.** Differentiation of mouse primordial germ cells into female or male germ cells. Int J Dev Biol 2001, 45(3):541-548.

- **Nilson B, Rosen SW, Weintraub BD, Zopf DA.** Differences in the carbohydrate moieties of the common alphasubunits of human chrorionic gonadotropin, luteinizing hormone, follicle-stimulating hormone, and thyrotropin: preliminary structural inferences from direct methylation analysis. Endocrinology ; 1986, 119: 2737-2743.

- **OCDE.** Good laboratory practice in the testing of chemicals.Organization of economic cooperation and developmeny. 1989

- **Ohno S, Nakajima Y, Inoue K, Nakazawa H, Nakajin S.** Genistein administration decreases serum corticosterone and testosterone levels in rats. Life Sci, 2003; 74 (6), 733–742.

- **Opalka DM, Kaminska B, Piskula MK, Puchajda-Skowronska H, Dusza L.** Effects of phytoestrogens on testosterone secretion by Leydig cells from Bilgoraj ganders (Anser anser). Br Poult Sci 2006; 47:237–45.

- **Peirce EJ, Breed WG.** Cytological organization of the seminiferous epithelium in the Australian rodents Pseudomys australis and Notomys alexis. J Reprod Fertil; 1987, 80, 91-103.

- **Peitz B.**Effects of seminal vesicle fluid components on sperm motility in the house mouse. J Reprod Fertil ; 1988, 83(1):169-176.

- **Pierik FH, Burdorf A, De Jong FH, Weber RF.** Inhibin B: a novel marker of spermatogenesis. Ann Med 35, 2003: 12-20.

- **Piotrowska K, Baranowska-Bosiacka I, Marchlewicz M, Gutowska I, Nocen I, Zawislak M, Chlubek D,Wiszniewska B.** A Change in male reproductive system and mineral metabolism induced by soy isoflavones administered to rats from prenatal life until sexual maturity, 2001; Nutrition xxx (2011) 1–8.

- **Potus J, Adrian J, Frangne R.** La science alimentaire de A à Z. 2$^{ième}$ édition. Lavoisier, Paris ,1996 ; 100-350.

- **Pryor JL, Hughes C, Foster W, Hales BF, Robaire B.** Critical windows of exposure for children's health: the reproductive system in animals and humans. Environ Health Perspect 2000; 108:491–503.

- **Pariza M.W.** Toxic substances in foods.In:Zeigler EE,Filer LJ eds.Present Knowledge in nutrition .Washington:ILSI;563-573. 1996

- **Ridges L, Sunderland R, Moerman K, Meyer B, Astheimer L,Howe P.** Cholesterol lowering benefits of soy and linseed enriched foods. Asia Pac Journal of Clinical Nutrition, 2001; 10 (3): 204-211.

- **Rieu D.** Soja et alimentation du nourrisson et de l'enfant. Actualité sur le soja en nutrition pédiatrique/ archives de pédiatrie, 2006; 13 : 534-538.

- **Robert M, Gibbs BF, Jacobson E, Gagnon C**. Characterization of prostate-specific antigen proteolytic activity on its major physiological substrate, the sperm motility inhibitor precursor/semenogelin I. Biochemistry ; 1997, 36(13):3811-3819.

- **Roberts D ,Veeramachaneni DN , Schlaff WD , Awoniyi CA.** Effects of chronic dietary exposure to genistein, a phytoestrogen, during various stages of development on reproductive hormones and spermatogenesis in rats. Endocrine, 2000; 13 (3), 281–286.

- **Rodríguez-Landa JF, Hernández-Figueroa JD, Hernández-Calderón BC, Saavedra M.** Progress in Neuro-Psychopharmacology and Biological Psychiatry. Anxiolytic-like effect of phytoestrogen genistein in rats with long-term absence of ovarian hormones in the black and white model, 2009 ; Volume 33, Issue 2: 367-372.

- **Romero V, Dela Cruz C, Pereira M** .Reproductive and toxicological effects of isoflavones on female offspring of rats exposed during pregnancy.Department of Pharmacology, Institute of Biosciences, São Paulo State University (UNESP), Botucatu, SP, Brazil. Anim. Reprod. 2008, v.5, n.3/4, p.83-89, Jul./Dec.

- **Roscoe B, Little CC, Snell GD, Dingle JH**. Biology of the Laboratory Mouse: Philadelphia, The Blakiston company; 1941.

- **Russell LD, Ettlin RA, Hikim APS, and Clegg ED**. "Hitological and histopathological evaluation of the testis." Clearwater, FL: Cache River Press, 1990.

- **Ryokkynen A, Nieminen P, Mustonen AM, Pyykonen T, Asikainen J, Hanninen S, et al.** Phytoestrogens alter the reproductive organ development in the mink (Mustela vison). Toxicol Appl Pharmacol 2005; 202:132–9.

- **Rifai N et al.** Lipids,lipoproteins and apolipoproteins .Fundamentals of Clinical chemistry,5eme Ed ;Burtis,C .A & Ashwood .Saunders eds .Philadelphia USA ;463. 2003

- **Scherwin J.E.**Liver function.Clinical Chemistry: Treory,Analysis,Eds St Louis USA;492. 2003

- **Siest G** . Réferences en biologie clinique. Paris. Elsevier:360-372. 1990

- **Santen RJ.** Is aromatization of testosterone to estradiol required for inhibition of luteinizing hormone secretion in men. Journal Clin Invest; 1975, 56: 1555 -1563.

- **Shibayama T, Fukata H, Sakurai K, Adachi T, Komiyama M, Iguchi T, Mori C**. Neonatal exposure to genistein reduces expression of estrogen receptor alpha and androgen receptor in testes of adult mice. Endocrinol, 2001; J. 48 (6), 655–663.

- **Simanainen U, McNamara K, Davey RA, Zajac JD, Handelsman DJ**.Severe subfertility in mice with androgen receptor inactivation in sex accessory organs but not in testis. Endocrinology; 2008, 149(7):3330-3338.

- **Soler C, Yeung C. H, and Cooper T. G.** Development of sperm motility patterns in the murine epididymis. Int J Androl,1994 ; 17, 271-8.

- **Sugawara T, Yue ZP, Tsukahara S, Mutoh K, Hasegawa Y, et al**. Progression of the dose-related effects of estrogenic endocrine disruptors, an important factor in declining fertility, differs between the hypothalamopituitary axis and reproductive organs of male mice. J Vet Med Sci. 2006; 68:1257–67.

- **Svechnikov K, Supornsilchai V, Strand ML, Wahlgren A, Seidlova-Wuttke D, Wuttke W, et al.** Influence of long-term dietary administration of procymidone, a fungicide with anti-androgenic effects, or the phytoestrogen genistein to rats on the pituitary–gonadal axis and Leydig cell steroidogenesis.J Endocrinol 2005;187:117–24.

- **Taxvig C, Elleby A, Sonne-Hansen K, Bonefeld-Jørgensen EC, Vinggaard AM, Lykkesfeldt AE, et al.** Effects of nutrition relevant mixtures of phytoestrogènes on steroidogenesis, aromatase, estrogen, and androgen activity. Nutr Cancer 2010; 62:122–31.

- **Thubault C., Levasseur MC.** La reproduction chez les mammifères et l'homme. Paris, Editions INRA; 2001, 928.

- **Tilbrook AJ, Clarke IJ.** Negative feedback regulation of the secretion and actions of gonadotropin-releasing hormone in males. Biol Reprod 2001, 64(3):735-742.

- **Toppari J, Larsen JC, Christiansen P, Giwercman A, Grandjean P, Guillette LJ.** Mâle reproductive health and environmental xeno-oestrogens. Environ. Health Perspect. 104 (suppl. 4), 1996:741-803.

- **Toshimori K, Ito C.** Formation and organization of the mammalian sperm head. Arch Histol Cytol 2003, 66(5):383-396.

- **Tuormaa TE.** The adverse effects of tobacco smoking on reproduction and health: a review from the literature. Nurth Health, 10 (2) ,1995 : 105-20.

- **Turner RM.** Tales from the tail: what do we really know about sperm motility? J Androl 2003, 24(6):790-803.

- **Vendula K, Peknicova J, Boubelik M, Buckiova D.** Body and organ weight, sperm acrosomal status and reproduction after genistein and diethylstilbestrol treatment of CD1 mice in a multigenerational study. Theriogenology 61, 2004 : 1307–1325

- **Vergouwen RP, Jacobs SG, Huiskamp R, Davids JA, and de Rooij DG.** Proliferative activity of gonocytes, Sertoli cells and interstitial cells during testicular development in mice. J Reprod Fertil; 1991, 93, 233-43.

- **Verhoeven G.** Local control systems within the testis. Baillieres Clin Endocrinol Metab 6; 1992 :313- 333.

- **Vernet N.** Analyse du rôle de l'acide retinoique et de ses recepteurs au cours de la spermatogenese, 2006.

- **Vernet N, Dennefeld C, Rochette-Egly C, Oulad-Abdelghani M, Chambon P,Ghyselinck N. B, and Mark M.** Retinoic acid metabolism and signaling pathways in the adult and developing mouse testis. Endocrinology, 2006 ; 147, 96-110.

- **Ward M.K.,Cockayne S.** Enzymology.Clinical Chemistry.In Concepts and Appliction ,Anderson S.C.,Cockayne S.Saunders eds.Philadelphia USA;92-107; 1993

- **Wargo MJ, Smith EF.** Asymmetry of the central apparatus defines the location of active microtubule sliding in Chlamydomonas flagella. Proc Natl Acad Sci U S A 2003, 100(1):137-142.

- **Warita K, Sugawara T, Yue ZP, Tsukahara S, Mutoh K, Hasegawa Y, et al.** Progression of the dose-related effects of estrogenic endocrine disruptors, an important factor in declining fertility, differs between the hypothalamopituitary axis and reproductive organs of male mice. J Vet Med Sci 2006; 68:1257–67.

- **Weber KS, Setchell KDR, Stocco DM, Lephard ED.** Dietary soy phytoestrogens decrease testosterone levels and prostate weight without altering LH, prostate 5a-reductase or testicular steroidogenic acute regulatory peptide levels in adult male Sprague-Downey rats. J Endocrinol. 2001; 170:591–9.

- **Werner EA, DeLuca HF.** Metabolism of a physiological amount of all-trans-retinol in the vitamin A-deficient rat. Arch Biochem Biophys 2001, 393(2):262-270.

- **Winters SJ, Troen P.** Testosterone and estradiol are cosecreted episodically by the human testis. Jouranal Clin Invest;1986, 78: 870-873.

- **Wisniewski AB, Klein SL, Lakshmaman Y, Gearhart JP.** Exposure to genistein during gestation and lactation demasculinizes the reproductive system in rats. Journal of Urology 169, 2003; 1582–1586.

- **Wisniewski AB, Klein SL, Lakshmanan Y, Gearhart JP.** Exposure to génistéine during gestation and lactation demasculinizes the reproductive system in rats. J Urol 2005; 169:1582–6.

- **Worawittayawong P, Leigh CM, Cozens G, Peirce EJ, Setchell BP, Sretarugsa P,Dharmarajan A, and Breed WG.**Unusual germ cell organization in the seminiferous epithelium of a murid rodent from southern Asia, the greater bandicoot rat, Bandicota Indica. Int J Androl; 2005 ,28, 180-8.

- **Xie J.** Effects of chelating agents on testicular toxicity in mice caused by acute exposure to nickel. Toxicology, 1995; 103 (3): 147-55.

- **Yang JY, Wang GX, Liu JL, Fan JJ, Cui S.** Toxic effects of zearalenone and its derivatives α-zearalenol on male reproductive system in mice. Reprod. Toxicol. Elsevier: 2007, 382p.

- **Ying SY.** Inhibins, activins, and follistatins: gonadal proteins modulating the secretion of follicle-stimulating hormone. Endocrinology Rev 9; 1988: 267-293.

- **Yoshida K, Kawano N, Yoshiike M, Yoshida M, Iwamoto T, Morisawa M.** Physiological roles of semenogelin I and zinc in sperm motility and semen coagulation on ejaculation in humans. Mol Hum Reprod ; 2008, 14(3):151-156.

- **Yousef MI, El-Demerdash, FM, Al-Salhen KS.**Protective role of isoflavones against the toxic effect of cypermethrin on semen quality and testosterone levels of rabbits. J. Environ. Sci, 2003; Health B 38 (4), 463–478.

- **Zhang FP, Pakarainen T, Zhu F, Poutanen M, Huhtaniemi I.** Molecular characterization of postnatal development of testicular steroidogenesis in luteinizing hormone receptor knockout mice. Endocrinology 2004, 145(3):1453- 1463.

- **Zhang JX, Rao XP, Sun L, Zhao CH, Qin XW.** Putative chemical signals about sex, individuality, and genetic background in the preputial gland and urine of the house mouse (Mus musculus). Chem Senses ; 2007, 32(3):293-303.

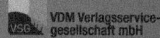

Zeitfracht Medien GmbH
Ferdinand-Jühlke-Straße 7
99095 Erfurt, Deutschland
produktsicherheit@kolibri360.de

Druck:
CPI Druckdienstleistungen GmbH
im Auftrag der
Zeitfracht Medien GmbH
Ein Unternehmen der Zeitfracht - Gruppe
Ferdinand-Jühlke-Str. 7
99095 Erfurt